# 热带作物病理学实验实习指导

（植物保护等相关专业用）

李增平　林春花　主编

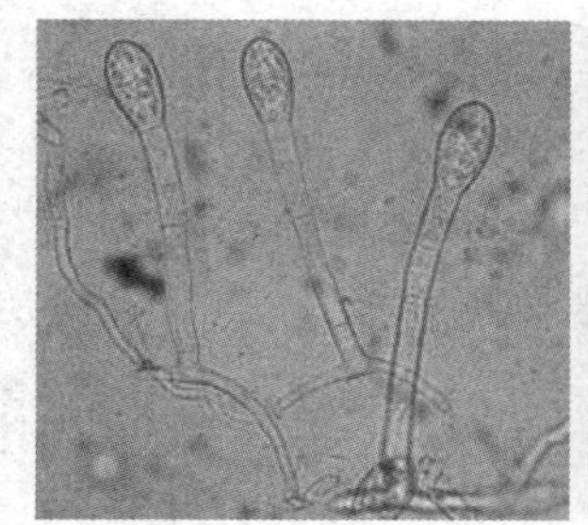

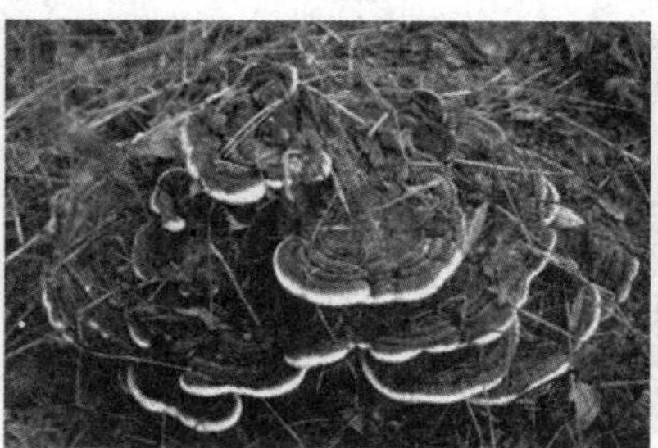

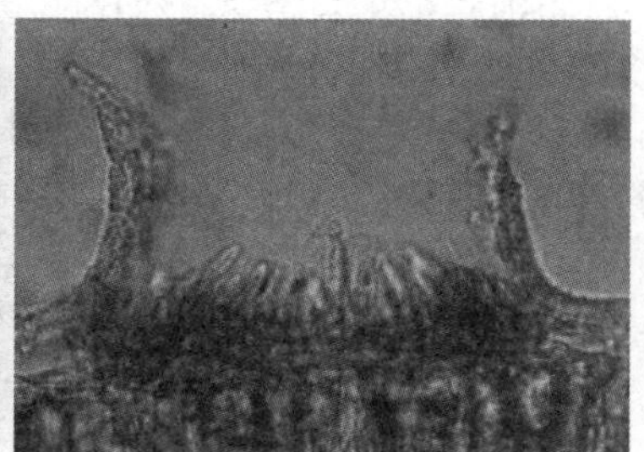

中国农业大学出版社

·北京·

## 内 容 简 介

“热带作物病理学实验实习指导”是“热带作物病理学”的实践性教学课程，包括实验教学、实习教学和附录三大部分。本书按作物种类分为8个实验，即产胶作物橡胶树白粉病症状识别及短期预测预报和橡胶树常见病害识别，香辛作物胡椒常见病害识别，纤维作物剑麻常见病害识别，饮料、香料作物咖啡、可可、香草兰、香茅常见病害识别，油料作物椰子、油棕常见病害识别，热带药用植物常见病害识别，淀粉作物木薯常见病害识别。实习教学内容分为病害田间诊断实践和病原室内鉴定实践两部分。附录中介绍了一些重要热带作物病害的田间病情调查、诊断技术和抗病性鉴定技术等。

**图书在版编目(CIP)数据**

热带作物病理学实验实习指导 / 李增平，林春花主编. —北京：中国农业大学出版社，2019.7

ISBN 978-7-5655-2231-4

Ⅰ.①热… Ⅱ.①李…②林… Ⅲ.①热带作物-植物病理学-实验-高等学校-教学参考资料 Ⅳ.①S431.191-33

中国版本图书馆 CIP 数据核字(2019)第 131261 号

**书　名** 热带作物病理学实验实习指导

**作　者** 李增平　林春花　主编

**策划编辑** 郑万萍　　**责任编辑** 郑万萍

**封面设计** 郑　川

**出版发行** 中国农业大学出版社

**社　址** 北京市海淀区学清路甲 38 号　　**邮政编码** 100193

**电　话** 发行部 010-62733489，1190　　**读者服务部** 010-62732336

编辑部 010-62732617，2618　　**出 版 部** 010-62733440

**网　址** http://www.caupress.cn　　**E-mail** cbsszs@cau.edu.cn

**经　销** 新华书店

**印　刷** 北京时代华都印刷有限公司

**版　次** 2019 年 7 月第 1 版　2019 年 7 月第 1 次印刷

**规　格** 787×1 092　16 开本　8.75 印张　215 千字

**定　价** 23.00 元

本书由

海南大学2018年度本科自编教材资助项目(Hdzbjc1084)

海南大学植物病理学教学创新团队(02M4097005002)

海南大学植物保护学院植物病理学重点学科

海南大学教育教学改革研究项目(hdjy1927)

海南大学名师工作室项目(hdms202014)

支持出版

# 序

我国热带作物种植历史悠久，加上热区气候常年湿热，地理条件复杂多变，造就了众多的植物病害种类。近年来热带作物上的一些新病害不断被发现，准确诊断热带作物上发生的病害种类，及时有效地控制其发生和危害是保障热带作物健康生长必不可少的重要植物保护技术。不断培养一批批在热带作物病害方面理论扎实、植保技术过硬、实践经验丰富的热带作物植保后继人才是开设热带作物病理学课程的初衷。

为了满足热带作物病理学课程教学工作和生产实际的需要，我们系统总结和整理了前人在热带作物病害方面的教学、科研成果和生产经验，最终编撰出《热带作物病理学实验实习指导》一书。全书共分实验教学、实习教学和附录三大部分，其中实验教学、实习教学主要由李增平负责编写，含 8 次实验和 2 次实习；8 次实验任课教师可依课程实验教学的学时数适当合并进行讲授。附录部分主要由林春花编写，含 13 项热带作物主要病害的植保研究和运用技术，根据相关病害的国家标准进行编写，可供教师和学生在进行田间病害调查和相关病害研究时参考。全书共计约 22 万字，配有病原物图片 140 多幅（其中引用 11 幅）。

该书既可作为热区高等农林院校植保、农学以及园艺等本科专业的教学参考书，也可作为热带作物植保科教工作者以及技术人员进行热带作物病害病原鉴定、病害诊断、测报的工具书或参考书。由于时间和能力等原因，书中仍存在不足之处，敬请读者批评指正。

编者

2019 年 3 月

# 目　录

# Contents

# 实验教学

# 热带作物病理学实验须知

1. 进入实验室必须熟悉和遵守学校《学生实验守则》《实验室仪器设备和低值耐用品损坏、丢失赔偿规定》中的各项条款。

2. 每次实验前，要仔细预习《热带作物病理学实验实习指导》，明确实验的目的与要求，了解实验内容和操作注意事项。准备钢笔、HB绘图铅笔、直尺、橡皮擦、透明胶、实验报告纸和记录本等用具。

3. 要认真听老师讲解及指导，按要求逐项细心操作，爱护仪器设备和教学标本，节约材料，损坏物品要及时报告。

4. 要遵守实验室纪律，不迟到早退，不准穿拖鞋、背心进入实验室，不准在实验室内打闹喧哗、吸烟与饮食，不得随地吐痰，保持室内的整洁与安静，严格遵守操作规程，以确保安全。

5. 要认真观察各种热带作物病害的标本及图片，记录其特征症状，细心观察病原物的玻片标本并绘图，绘图要抓住主要特征，按比例适当放大，精确绘制，要求线条清晰、粗细均匀、布局合理、美观大方。学生需在当天实验结束后按时上交实验报告。

6. 需要进一步培养观察的实验材料，应写好标签，注明实验项目、日期和小组人员姓名，以防混淆或丢失。

7. 实验结束后，将所使用仪器设备填写到使用记录本上并将其正确归位，及时整理复原实验用具及标本，并放回原处；用过的器具要清洗干净后再放回原处，把台面整理干净，物品摆放整齐，清点永久玻片数量。值日生负责把实验室打扫干净，清除垃圾，关好门窗及水电后方能离开。

# 实验一
# 橡胶树白粉病症状识别及短期预测预报

白粉病是世界橡胶树重要叶部病害之一，对橡胶树生长和产量影响很大。此病主要为害橡胶树嫩叶（古铜叶、淡绿叶）、嫩梢及花序，不侵染老化叶片。古铜嫩叶发病初期，将叶片斜对光观察，在侵入点附近呈现银白色放射状的菌丝（蜘蛛丝状）。其病斑随着橡胶树叶片物候进程的发展和气温的变化而呈现 5 种不同的病斑类型。橡胶树白粉病全年均可发生，但流行于橡胶树大量抽嫩叶的春季。其发生流行与橡胶树抽叶物候期的长短、越冬菌量大小及冬春的气候条件有密切的关系，是一种气候型病害。在橡胶树抽叶后，根据病害始见期和橡胶树抽叶情况及白粉病早期流行速度，预测白粉病在近期内的发展趋势和严重程度，决定是否需要全面或局部防治、喷药次数及喷药日期，以指导近期的防治工作。

【实验目的】

掌握橡胶树白粉病为害叶片呈现的 5 种病斑类型；同时进行橡胶树白粉病短期预测预报的田间病情、橡胶树物候调查实践，学习并掌握总指数法和总发病率法两种短期测报方法在生产中的实际运用。

【材料和用具】

橡胶树白粉病叶片 5 种病斑类型的新鲜标本及图片、橡胶树 5 种不同物候类型的叶蓬标本、高枝剪、物候及病情田间调查表、铅笔、记录本、计算器、放大镜等。

【内容及步骤】

**1. 橡胶树白粉病**

**症状**　橡胶树白粉病菌侵染橡胶树嫩叶后，随着温度的升高和橡胶树叶片物候的发展进程，橡胶树白粉病叶片呈现出 5 种病斑类型。

**(1)新鲜活动斑**

病斑表面呈现蜘蛛丝状的银白色菌丝或一层白色粉状物，即白粉菌的菌丝、分生孢子梗和分生孢子。主要出现在古铜色和淡绿色的橡胶树嫩叶上。

**(2)红斑**

嫩叶期新鲜活动斑出现后遇高温，病斑上的白粉菌菌丝及孢子消退，病斑呈现紫红色。当气温再降低到适宜时，变红的病斑又会恢复产孢，在病斑上又可产生大量分生孢子，形成白色粉状物。主要发生于古铜色橡胶树嫩叶上。

**(3)老叶癣状斑**

橡胶树叶片挺直硬化，进入老化期后，由于高温环境不适于白粉菌生长，原嫩叶期病斑上存留的白粉状物大部分消退，只留下少量残存的菌丝或孢子，呈现灰白色。

**(4)黄斑**

老化叶上的癣状斑表面的菌丝或孢子在高温环境下进一步消退后，病斑呈现黄色。

**(5)褐色坏死斑**

老化叶病斑上的白粉菌菌丝或孢子大部分消退完后，病斑处的组织变褐坏死，呈不规则形，且病斑边缘不整齐。此类型病斑上没有或仅有少许病菌残留，对再侵染不起任何作用。

通过对以上5种橡胶树白粉病病斑类型的识别，为了解橡胶树白粉病越冬菌源与落叶量之间的关系及进行越冬菌量计算、白粉病病情调查打下基础。

**病原**　橡胶树粉孢(*Oidium heveae* Steinm)属于半知菌类，丝孢纲，丝孢目，粉孢属。其有性态尚未发现。病菌的菌丝体生于寄主表面，无色透明，有分隔，直径5～8 μm，以梨形吸器侵入寄主体内吸取营养。在表生菌丝上单生直立不分枝、棍棒状、具2～3个隔膜的无色分生孢子梗，分生孢子梗顶端串生分生孢子。分生孢子为卵圆形或椭圆形，无色透明，单胞，大小为(27～45) μm×(15～25) μm。每一条分生孢子梗顶端串生数个分生孢子，分生孢子由上而下陆续成熟，相继脱落，随着气流传播进行侵染(图1-1)。

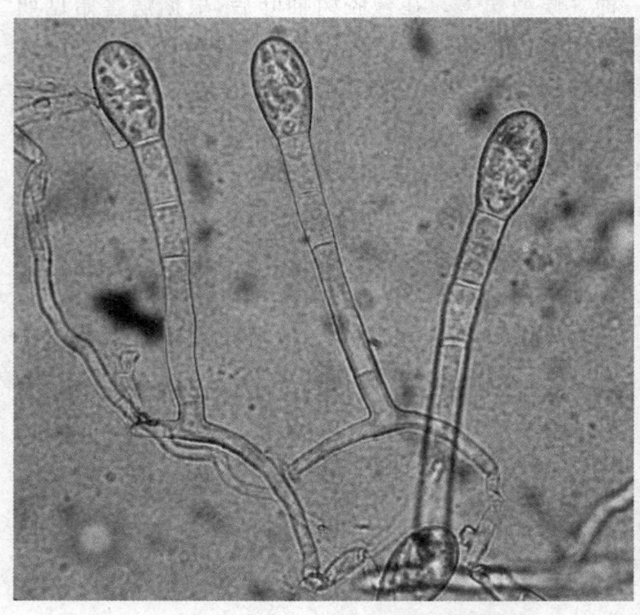
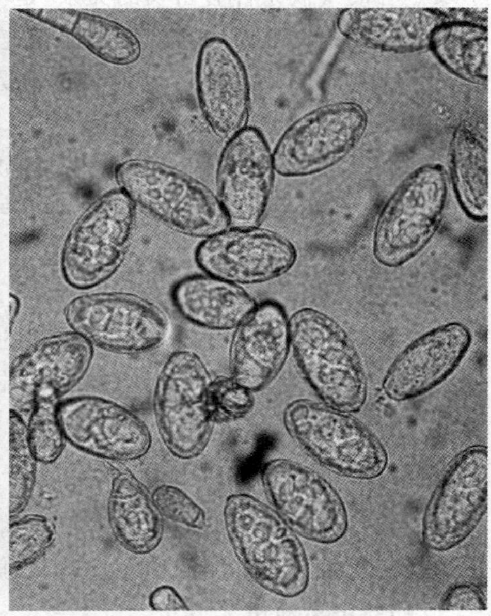

图1-1　橡胶树粉孢(*Oidium heveae*)的分生孢子梗及分生孢子　(李增平摄)

**2. 橡胶树白粉病短期预测预报**

**(1)总指数法**

总指数法测报指标：橡胶树的物候期为古铜色嫩叶期，发病总指数达到1～3，或淡绿色嫩叶期发病总指数达到4～6时，已达到了喷药指标，应立即进行第一次全面喷药防治。喷药后7天继续调查，如果总指数仍达到上述指标的，则需要进行第二次全面喷药，直至橡胶

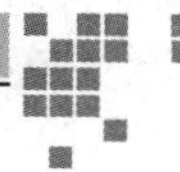

树新叶70%以上老化为止，新叶70%老化后，则改为后抽植株单株或局部喷药。

**(2)总发病率法**

总发病率法测报指标：

①第一次全面喷药指标：平均温度在24℃以下，古铜色嫩叶期(抽叶20%～50%)白粉病总发病率达到2%～3%后3～5天；淡绿色嫩叶期(抽叶51%～85%)总发病率达到2%～3%后6～8天，应进行第一次全面喷药。调查时如果总发病率超过2%～3%，按每天总发病率增加2%的速度重新确定喷药日期。

②第二次全面喷药指标：第一次全面喷药后8天，调查橡胶树物候未到50%老化的测报区，应在2～4天内进行第二次全面喷药防治。

③橡胶树抽叶85%以后，病情才达到总发病率2%～3%的测报区，不需要全面喷药防治。

④橡胶树60%叶片老化后，若总发病率超过20%的，需要对后抽叶的植株进行局部防治。

**(3)嫩叶病率法**

嫩叶病率法的调查方法同总指数法，但只采嫩叶(即古铜和淡绿叶)，不采老化叶，计算嫩叶发病率，结合橡胶树抽叶率，对照表1-1选择相应的喷药方式，第一次喷药后7天恢复调查，达到表内任一指标时需进行再次喷药。

**表1-1　嫩叶病率法喷药指标查对表**

| 橡胶物候期 | 嫩叶发病率/% | 喷药方式 |
| --- | --- | --- |
| 抽叶30%以前 | 20左右 | 单株或局部 |
| 抽叶30%～50% | 15～20 | 全部 |
| 抽叶50%～老化40% | 25～30 | 全部 |
| 叶老化40%～70% | 50～60 | 全部 |
| 叶老化70%以后 | | 单株或局部 |

**3. 短期预测预报步骤**

**(1)测报区划分**

在橡胶树抽芽初期，以农场或乡镇为单位，选择历年橡胶树白粉病发病严重、发病早、品系混杂的树位设1～2个测报点，再按照橡胶树林段的物候、越冬菌量大小、胶园立地环境条件，划分为3～6个测报区，每个测报区内再按上述条件把比较一致的2～4个林段划为1个普查区，每个普查区选1个代表林段作为普查点，以此普查点的病情指标来指导该普查区的防治工作。采取以测报点的病情指导普查点的病情调查，以普查点病情指导普查区白粉病防治的程序。每个普查区的施药日期，除主要依据测报指标外，还应考虑天气情况、胶园立地环境、胶树物候及病情，适当提前或推迟喷药时间。

**(2)调查方法**

从橡胶树抽叶10%～20%开始，对测报点进行物候及病情调查，当测报点达到预测指标后，对普查点进行普查。

物候调查采取定株取样法，按照树位大小固定 50～100 株橡胶树，作为物候观察样株。计算橡胶树物候比例和抽叶率。

病情调查按当时物候比例 5 点取样，每个测报点（或普查点）共调查 20 株树，每株采 2 蓬叶，每蓬叶采顶端 5 片叶，每片叶观察中间 5 片小叶，共 200 片，不分叶龄，进行病情分级计算病情指数，或不分级统计有病叶片数和无病叶片数，计算总指数或总发病率。

**(3)物候调查**

物候分级标准如下：

未抽：梢头新芽没有萌动。

开芽：新芽长 1 cm 到小叶张开以前。

古铜：古铜色小叶片张开到变色期以前。

淡绿：叶片变色期到挺直以前。

老化：叶片挺直硬化，有光泽。

$$胶树抽叶百分率=\frac{古铜株数+淡绿株数+老化株数}{调查株数}\times 100\%$$

**(4)病情调查**

①叶片病情分级标准

0 级：无病。

1 级：病斑总面积占叶片总面积 1/16。

2 级：病斑总面积占叶片总面积 1/8。

3 级：病斑总面积占叶片总面积 1/4 或轻度皱缩。

4 级：病斑总面积占叶片总面积 1/2 或中度皱缩。

5 级：病斑总面积占叶片总面积 3/4 或严重皱缩或落叶。

②病情计算

采用总指数法测报时，病情计算如下：

$$病情指数=\frac{\sum(各病级值\times 该病级叶片数)}{最高病级值\times 调查总叶片数}\times 100$$

注：橡胶树白粉病病情的最高病级值为 5。

$$总指数=抽叶率\times 病情指数$$

采用总发病率法测报时，病情计算如下：

$$发病率=\frac{有病叶片数}{调查总叶片数}\times 100\%$$

$$总发病率=抽叶率\times 发病率$$

**(5)最终病情调查**

橡胶树白粉病防治工作结束后，橡胶树新叶已达 95%老化时进行最终病情调查，计算最终病情及防治效果。

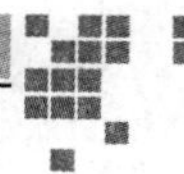

橡胶树最终病情调查分级标准(整株调查)如下：

0 级：无病或只有少量病斑。

1 级：多数叶片有少量病斑。

2 级：多数叶片有较多病斑。

3 级：病斑累累，叶片轻度皱缩或落叶 1/10。

4 级：病斑布满叶片，叶片中度皱缩或落叶 1/3。

5 级：叶片严重皱缩或落叶一半以上。

$$\text{最终病情指数}=\frac{\sum(\text{各病级值}\times\text{该级株数})}{\text{最高病级值}\times\text{调查株数}}\times 100$$

防治效果计算：将防治区与对照区(不防治区)的病情进行比较，一般要在施药前后各进行一次病情指数调查，施药若干天后，再进行一次药效调查，计算防治效果。

$$\text{相对防效}=\frac{\text{对照区病情指数}-\text{防治区病情指数}}{\text{对照区病情指数}}\times 100\%$$

$$\text{实际防治效果}=\frac{\text{对照区病情指数增长值}-\text{防治区病情指数增长值}}{\text{对照区病情指数增长值}}\times 100\%$$

$$\text{病情指数增长值}=\text{调查药效时的病情指数}-\text{施药时的病情指数}$$

**4. 实例**

**实例 1**：3 月 10 日调查某林段 100 株橡胶树的物候，其中未抽 0 株，开芽 35 株，古铜 50 株，淡绿 10 株，老化 5 株。调查 200 片叶的病情，其中 0 级：178 片，1 级：10 片，2 级：5 片，3 级：5 片，4 级：1 片，5 级：1 片。分别计算抽叶率、发病率、病情指数、总发病率、总指数，用总指数法和总发病率法进行橡胶树白粉病的短期流行预测，并确定是否需要进行防治及具体的防治日期。

**答**：$\text{抽叶率}=\frac{50+10+5}{100}\times 100\%=65\%$

$$\text{病情指数}=\frac{1\times 10+2\times 5+3\times 5+4\times 1+5\times 1}{5\times 200}\times 100$$

$$=\frac{44}{1000}\times 100=4.4$$

总指数＝病情指数×抽叶率＝4.4×65%＝2.86

总指数法预测：此林段为古铜叶盛期，其总指数为 2.86，在 1～3 范围内，已达到了喷药指标，应该在 3 月 11 日立即进行第一次全面喷药防治。

$\text{发病率}=\frac{10+5+5+1+1}{200}\times 100\%=1\%$

总发病率＝发病率×抽叶率＝11%×65%＝ 7.15%

总发病率法预测：此林段为古铜叶盛期，其总发病率为 7.15%，超过 2%～3%，按流行期总发病率每天上升 2%计，应提早 3 天喷药，在 3 月 11—13 日内完成第一次全面喷药防治。

**实例 2**:3 月 5 日调查某林段 100 株橡胶树物候,其中未抽 0 株,开芽 15 株,古铜 30 株,淡绿 50 株,老化 5 株。调查 200 片叶的病情,其中 0 级:169 片,1 级:15 片,2 级:10 片,3 级:3 片,4 级:2 片,5 级:1 片,分别计算抽叶率、发病率、病情指数、总发病率、总指数,用总指数法和总发病率法进行橡胶树白粉病的短期流行预测,并确定是否需要进行防治及具体的防治日期。

**答**:抽叶率 $=\dfrac{30+50+5}{100}\times100\%=85\%$

病情指数 $=\dfrac{1\times15+2\times10+3\times3+4\times2+5\times1}{5\times200}\times100=5.7$

总指数=病情指数×抽叶率=5.7×85%=4.845

总指数法预测:此林段为淡绿叶期,其总指数为 4.845,在 4~6 范围内,已达到了喷药指标,应该在 3 月 6 日立即进行第一次全面喷药防治。

发病率 $=\dfrac{15+10+3+2+1}{200}\times100\%=15.5\%$

总发病率=发病率×抽叶率=15.5%×85%=13.175%

总发病率法预测:此林段为淡绿叶期,其总发病率为 13.175%,超过 2%~3%,按流行期总发病率每天上升 2%计,应提早 6 天喷药,在 3 月 6—8 日内完成第一次全面喷药防治。

【实验学时】

3 学时。

【作业与思考题】

1. 橡胶树白粉病的 5 种叶斑类型是什么?

2. 什么叫发病率、病情指数、总发病率及总指数?

3. 每 5~6 名学生成立 1 个小组进行橡胶树物候及白粉病病情的田间调查,将调查数据填入表 1-2 中,并分别运用总指数法和总发病率法进行短期测报。

4. 橡胶树物候期长短及病害始见期出现的早晚与最终病情指数有何关系?

5. 冬春温度是如何影响橡胶树白粉病发生流行的?

6. 利用表 1-3 中两个橡胶树白粉病测报点的田间调查数据,分别计算抽叶率、发病率、病情指数、总发病率、总指数,用总指数法和总发病率法进行橡胶树白粉病的短期流行预测。

**表 1-2　橡胶树白粉病短期测报田间调查表**

调查日期:________　调查人:________

| 树位名称 | 物候 | | | | | | | 病情 | | | | | | | | | | 预测喷粉日期 |
|---|---|---|---|---|---|---|---|---|---|---|---|---|---|---|---|---|---|---|
| | 调查株数 | 未抽 | 开芽 | 古铜 | 淡绿 | 老化 | 抽叶率/% | 调查叶片数 | 0 级 | 1 级 | 2 级 | 3 级 | 4 级 | 5 级 | 发病率/% | 总发病率/% | 总指数 | |
| | 100 | | | | | | | 200 | | | | | | | | | | |
| | 100 | | | | | | | 200 | | | | | | | | | | |

续表 1-2

| 橡胶树物候分级标准 | 未抽:梢头新芽没有萌动<br>开芽:新芽长 1 cm 到小叶张开以前<br>古铜:古铜色小叶张开到变色期以前<br>淡绿:叶片变色期到挺直以前<br>老化:叶片挺直硬化,有光泽<br>定株取样:50～100 株/林段 | 橡胶树抽叶百分率<br>$=\frac{古铜株数+淡绿株数+老化株数}{调查株数}\times 100\%$ |
|---|---|---|
| 病情分级标准 | 0 级:无病<br>1 级:病斑面积总和占叶片总面积 1/16<br>2 级:病斑面积总和占叶片总面积 1/8<br>3 级:病斑面积总和占叶片总面积 1/4<br>4 级:病斑面积总和占叶片总面积 1/2,或中度皱缩<br>5 级:病斑面积总和占叶片总面积 3/4,严重皱缩或落叶 | 病情指数<br>$=\frac{\sum(各病级值\times 该级叶片数)}{5\times 调查叶片数}\times 100$ |
| 计算公式 | 总发病率=抽叶率×发病率<br>总指数=抽叶率×病情指数 | 发病率<br>$=\frac{有病叶片数}{调查叶片数}\times 100\%$<br>注:有病叶片数为 1～5 级的病叶数之和。 |

**表 1-3　某农场测报点橡胶树物候和白粉病病情调查表**

调查日期:　3 月 1 日　　　　调查人:　王植保员

| 调查项目 | 林段名称 | 物候 | | | | | | 病情 | | | | | | | | | |
|---|---|---|---|---|---|---|---|---|---|---|---|---|---|---|---|---|---|
| | | 未抽 | 开芽 | 古铜 | 淡绿 | 老化 | 抽叶率/% | 调查叶片数 | 0级 | 1级 | 2级 | 3级 | 4级 | 5级 | 发病率/% | 总发病率/% | 总指数 |
| 测报点Ⅰ | A | 5 | 51 | 40 | 3 | 1 | | 200 | 190 | 8 | 2 | 0 | 0 | 0 | | | |
| 测报点Ⅱ | B | 0 | 45 | 53 | 2 | 0 | | 200 | 193 | 6 | 1 | 0 | 0 | 0 | | | |

# 实验二
# 橡胶树常见病害识别

在全世界，巴西橡胶树上发生的病害，已知有100多种。橡胶树主要病害除白粉病外，还有炭疽病、红根病、褐根病、黑纹根病、臭根病、棒孢霉落叶病、黑团孢叶斑病、麻点病、季风性落叶病、毛色二孢叶斑病、回枯病、枯萎病等。观察上述橡胶树常见病害，注意区分它们之间的不同症状特征，并绘制重要病害病原菌简图。

**【实验目的】**

通过识别橡胶树不同病害的症状特征及病原，掌握其典型症状和病原种类，为田间诊断识别和病害防治打基础。

**【材料和用具】**

橡胶树炭疽病、红根病、褐根病、黑纹根病、臭根病、紫根病、黑根病、白根病、黑团孢叶斑病、棒孢霉落叶病、麻点病、季风性落叶病、割面条溃疡病、煤烟病、丛枝病、寒害、毛色二孢叶斑病、回枯病、枯萎病、藻斑病、桑寄生、鞘花、菟丝子等寄生植物病害等的挂图及照片、腊叶标本、液浸标本、新鲜病害标本及病原物玻片标本。

载玻片、盖玻片、挑针、镊子、剪刀、酒精灯、蒸馏水、小透明胶、小木块、放大镜、铅笔、生物显微镜、电视显微镜、投影机等。

**【内容及步骤】**

**1. 橡胶树叶部病害**

**(1)橡胶树炭疽病**

**症状**　嫩叶、老叶、叶柄、嫩梢和胶果均可染病，呈现以下几种不同类型症状。

①急性型病斑：古铜色嫩叶染病后，叶尖变黑坏死、扭曲；淡绿色嫩叶染病后，叶尖、叶缘呈现不规则形，暗绿色似开水烫过一样的水渍状病斑，病斑较大，有时在病斑边缘可见黑色坏死线。在高湿条件下，常在病部长出粉红色黏稠孢子堆。

②不规则形斑：淡绿色嫩叶或老化叶染病后，呈现出近圆形或不规则形的暗绿色或褐色病斑，后期病斑中央易穿孔。

③小圆锥体病斑：接近老化的叶片染病后，病斑凸起成小圆锥体，病斑边缘皱缩。

④条斑：嫩梢、叶柄、叶脉染病后，出现黑色下陷小点或黑色条斑。染病的嫩梢有时会爆皮溢出凝胶，顶芽枯死呈鼠尾状。

**病原**　无性阶段为半知菌类，腔孢纲，黑盘孢目，刺盘孢属的两种真菌，常见种为胶孢炭

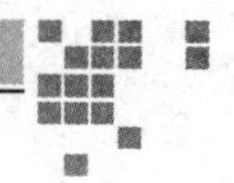

疽菌[*Colletotrichum gloeosporioides* (Penz.)Sacc.]，在云南为害开割胶树老叶的为尖孢炭疽菌(*C. acutatum* Simmonds)；有性阶段为子囊菌门，核菌纲，球壳目，小丛壳属，围小丛壳菌[*Glomerella cingulata* (Stonem.) Spauld. et Schrenk]。

胶孢炭疽菌[*Colletotrichum gloeosporioides* (Penz.)Sacc.]：分生孢子盘多在叶面散生或轮生，浅褐色，圆形或卵圆形，扁平或隆起，直径 100～250 μm。分生孢子盘内密生短小的无色分生孢子梗，分生孢子梗顶生分生孢子。分生孢子盘上有时长有硬而长、直或弯的深褐色刚毛。刚毛 1～2 个隔膜，大小为(500～100) μm×(4～7) μm；分生孢子单胞，无色，椭圆形或圆筒形，有油点或无；分生孢子大小因培养基种类或寄生部位不同而有差异，一般大小为(12.2～15.5) μm×(4.0～5.4) μm(图 2-1)。

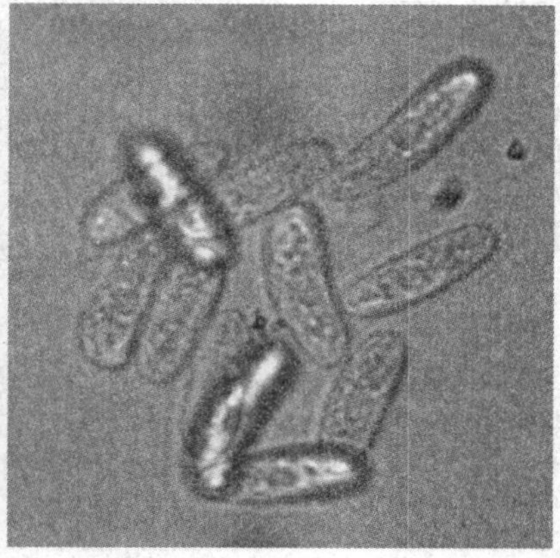

**图 2-1 胶孢炭疽菌(*Colletotrichum gloeosporioides*)的分生孢子盘(左)和分生孢子(右)**

(李增平摄)

尖孢炭疽菌(*Colletotrichum acutatum* Simmonds)：分生孢子无色单胞，呈纺锤形，基部圆滑，顶端尖，或两端稍尖，内含 1～2 个油滴(图 2-2)。

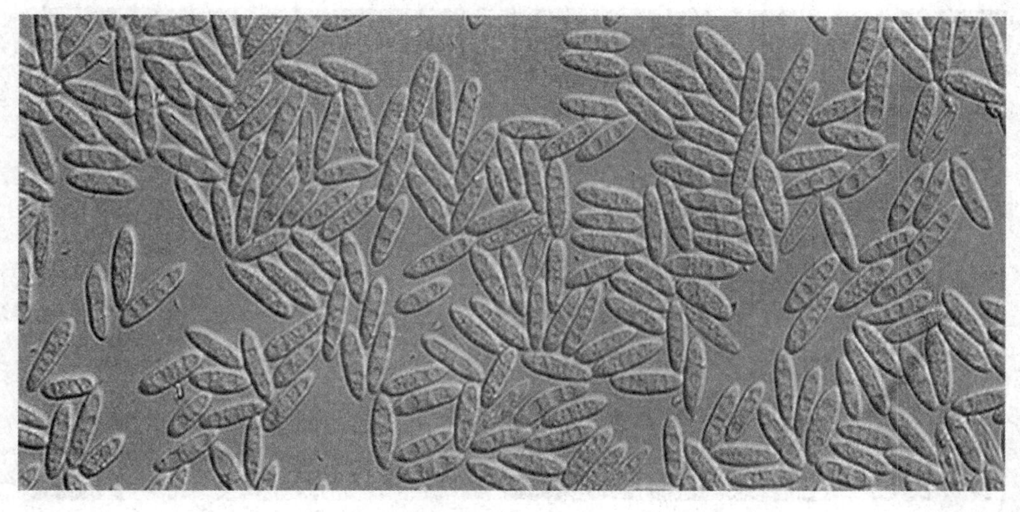

**图 2-2 尖孢炭疽菌(*Colletotrichum acutatum*)的分生孢子** (李增平摄)

**(2)橡胶树麻点病**

**症状** 不同叶龄的橡胶树叶片染病后，表现的症状不同。古铜色嫩叶染病后，最初出现暗褐色水渍状小斑点；有时因病多次落叶后引起顶梢畸形肿大；淡绿色嫩叶染病后，最初出现黄色小斑点，后扩展为直径 1～3 mm 的圆形或近圆形病斑，病斑中央灰白色，略透明，边缘褐色，外围有黄晕，叶片老化后，部分病斑中央组织脱落形成穿孔，潮湿情况下，病斑背面长出灰褐色霉状物；接近老化的叶片染病后，出现深褐色小点。橡胶树炭疽病和麻点病在叶片上的症状有时较为相似，易混淆，其主要区别见表 2-1。

**表 2-1 橡胶树炭疽病与麻点病的区别**

| 病名 | 相似点 | 不同点 |
| --- | --- | --- |
| 炭疽病 | 叶片初期病斑为圆形或不规则形暗绿色水渍状小斑点 | 1.病斑发生在叶尖、叶缘或叶片其他部位<br>2.病斑多呈不规则形<br>3.病斑背面在潮湿条件下易产生粉红色孢子堆或散生、轮生小黑点<br>4.病斑边缘一般有黑色坏死线，病斑中央褐色不透明，老叶病斑呈圆锥形突起<br>5.多发生在增殖苗圃幼苗上，也可为害各种树龄的胶树 |
| 麻点病 | 叶片病斑多为圆形褐色小斑点 | 1.病斑在叶片任何部位均可发生<br>2.病斑呈较圆形，中央为略透明灰白色，边缘褐色，周围有黄晕，病叶叶面较平<br>3.病斑背面产生灰色霉层<br>4.此病主要为害苗圃幼苗，不为害幼龄树及成龄开割树 |

**病原** 为半知菌类，丝孢纲，丝孢目，平脐蠕孢属的橡胶平脐蠕孢[*Bipolaris heveae* Peng et Lu=*Drechslera heveae* (Petch) M. B. Ellis =*Helminthosporium heveae* Petch]。病菌分生孢子梗褐色，顶端膝状弯曲或稍弯曲。分生孢子舟形，两端钝圆，新形成的分生孢子为浅褐色，弯曲，无隔膜。老熟分生孢子为深褐色，壁厚，一般有 7～8 个假隔膜，多的有 13 个(图 2-3)。

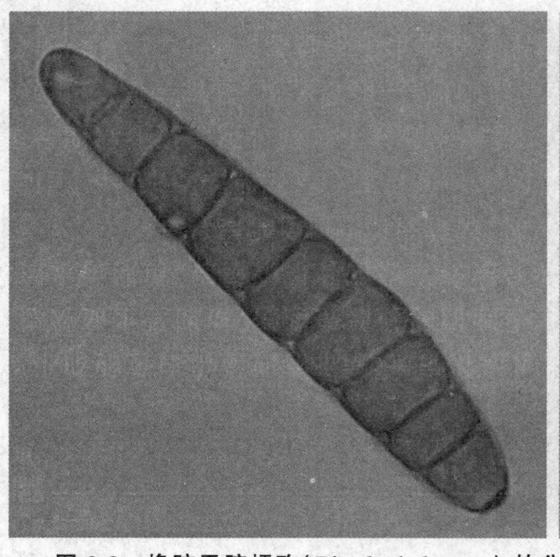
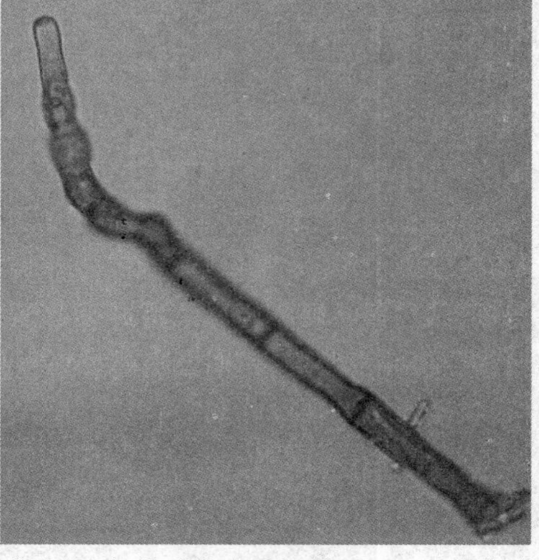

**图 2-3 橡胶平脐蠕孢(*Bipolaris heveae*)的分生孢子(左)和分生孢子梗(右)** (李增平摄)

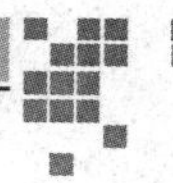

**(3)橡胶树季风性落叶病**

**症状** 嫩叶染病后，初期呈暗绿色或褐色水渍状病斑，病部有时溢出白色的细小凝胶，继而病斑变黑，病叶凋萎脱落。老叶通常是在大叶柄的基部先染病，初期呈水渍状黑色条斑，并在病部溢出1～2滴白色凝胶，整张叶片易脱落。绿色胶果染病后，初期为水渍状病斑，溢出白色凝胶，后期全果实腐烂。天气潮湿时，病果上长出白色霉层。

**病原** 由卵菌门，卵菌纲，霜霉目，疫霉属的多种疫霉菌(*Phytophthora* spp.)引起(图2-4)，主要为柑橘褐腐疫霉(*P. citrophthora*)。孢囊梗分枝不规则。孢子囊形状变异很大，有倒梨形、长倒梨形、卵形、椭圆形、葫芦形或不规则形，一般单乳突，基部钝圆，长49(39～65) μm；长宽比1.7(1.3～2.1)，乳突明显。孢子囊在清水中不脱落。

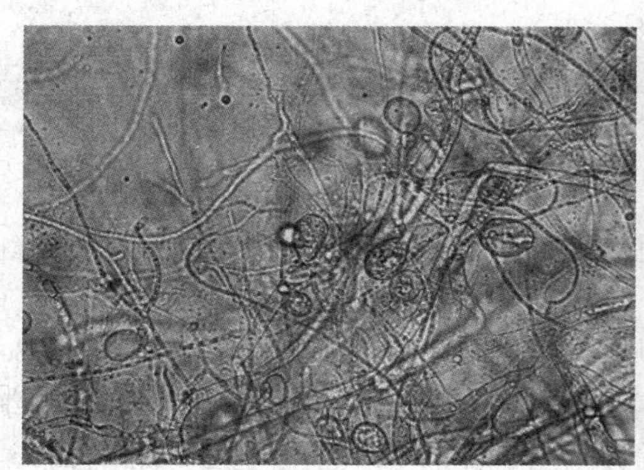
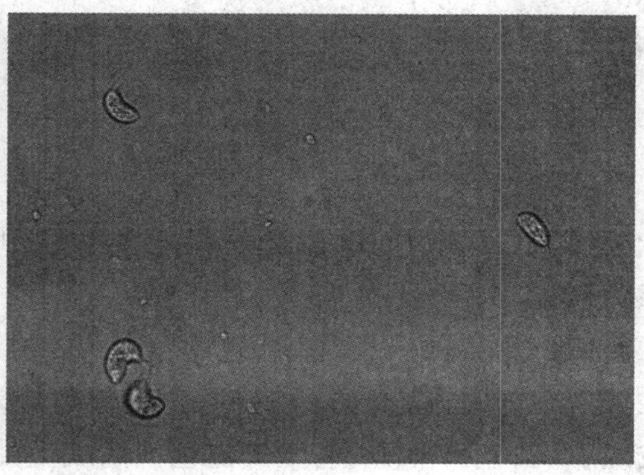

图2-4 橡胶树季风性落叶病菌的菌丝和孢子囊 (李增平摄)

**(4)橡胶树黑团孢叶斑病**

**症状** 橡胶树叶片染病后最初出现针头大小的褐色病斑，病斑扩展后连接在一起形成大病斑，中央呈灰白色，不规则坏死破裂或穿孔。老叶病斑边缘有浅黄色的褪绿晕圈，病斑表面常有黑色毛状物。

**病原** 为半知菌类，丝孢纲，丝孢目，黑团孢属的橡胶黑团孢(*Periconia heveae* Stevenson & Imle.)。病菌在叶片上的分生孢子梗直立，不分枝，暗褐色，众多，两面生，2个分隔，极少3个分隔，高150～300 μm；分生孢子梗基部细胞球茎状膨大，长40～90 μm，基部直径为25～35 μm。分生孢子梗顶部细胞浅褐色，短棍棒状，隔膜处稍收缩，大小为(30～40) μm×(35～40) μm，其上轮生近球形产孢细胞，大小为(10～15) μm×(18～25) μm。分生孢子单生或短链串生于产孢细胞上，深褐色，球形，表面有疣状突起，直径20～40 μm(图2-5)。

**(5)橡胶树棒孢霉落叶病**

**症状** 主要为害橡胶树的嫩叶和老叶，尤其是嫩叶，也为害叶柄和嫩梢，最典型的症状是：叶片病斑边缘的部分主脉及邻近的侧脉变棕色或黑色的短线状，呈鱼骨状或铁轨状。症状可随橡胶树品系、叶龄、病菌侵染部位、侵染季节不同而异。黄绿色嫩叶受害，初期产生浅褐色小圆斑，直径1～8mm，病斑中央组织呈纸质状，伴有轮纹，边缘褐色，外围有黄晕；有时在受害嫩叶上产生不规则形褐色斑点，严重时嫩叶顶端皱缩、干枯脱落。老叶受害，初期产生深褐色圆形或不规则形小斑，病斑边缘呈黄红色或红褐色，外围具明显黄晕圈，病斑上的

**图 2-5　橡胶黑团孢(*Periconia heveae*)的分生孢子梗和分生孢子**　(李增平摄)

叶脉变棕色或黑色坏死，形成本病典型的“铁轨”或“鱼骨”形症状，后期病叶变黄红色或红褐色，易脱落。

**病原**　为半知菌类，丝孢纲，丝孢目，棒孢属的多主棒孢[*Corynespora cassiicola* (Bert. & Curt.) Wei]。病菌在PDA(马铃薯葡萄糖琼脂)培养基上，菌落疏展，灰绿色或褐色，细发状或绒状，菌丝有隔，浅色至浅褐色。病斑上的分生孢子梗单生或丛生，直立或稍弯曲，基部膨大，浅褐色至深褐色，具分隔，大小为(59～343) μm×(4～12) μm；分生孢子为倒棍棒状至圆柱状，直立或稍弯，厚壁，光滑，具有4～9个假隔膜，基部有一个平截加厚的脐点，大小为(52～191) μm×(13～20) μm(图2-6)。

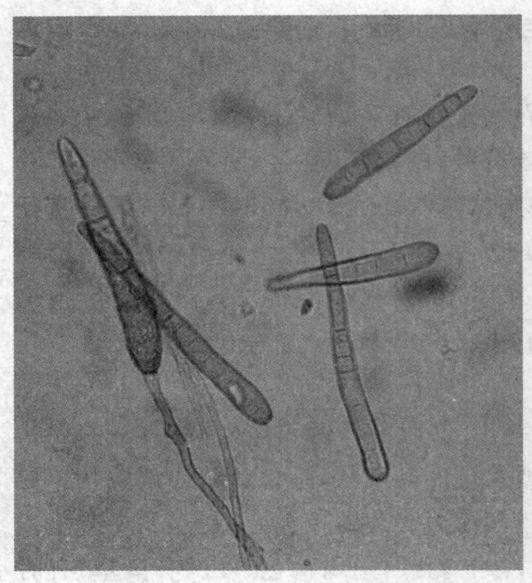
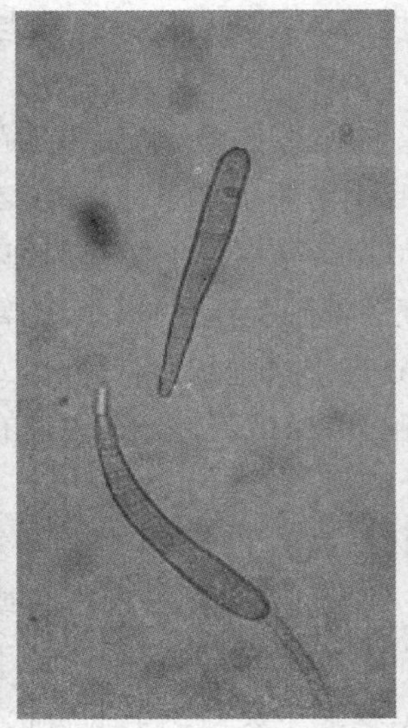
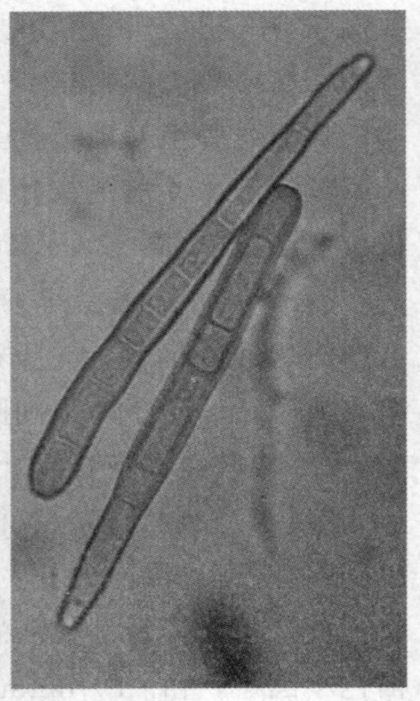

**图 2-6　多主棒孢(*Corynespora cassiicola*)的分生孢子梗和分生孢子**　(李增平摄)

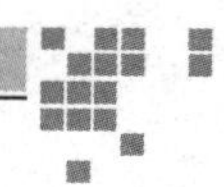

**(6)橡胶树毛色二孢叶斑病**

**症状** 主要为害橡胶树老化叶片，叶片染病后初期呈现黑褐色圆形小病斑，周围具明显黄色晕圈，后期扩展为圆形、半圆形或不规则形灰白色病斑，其上散生小黑点，病健交界处有一明显的深褐色坏死带，外围有明显黄色晕圈。病斑扩展不受小叶叶脉限制，但受主脉限制。

**病原** 为半知菌类，腔孢纲，球壳孢目，毛色二孢属的假可可毛色二孢（*Lasiodiplodia pseudotheobromae* A. J. L. Philips, A. Alves & Crous.）。在PDA平板上菌落初期呈白色绒毛状，近圆形，边缘整齐，菌丝放射状生长，继而变墨绿色，菌丝致密，气生菌丝发达，后期逐渐变为黑色，气生菌丝极发达。在发病的橡胶树叶片和橡胶嫩茎上产生分生孢子器，常多个聚生，单室，球形或近球形，初埋生于寄主表皮下，成熟后突破表皮外露，器壁暗褐色，较厚，大小为(163.9～227.53) μm×(105.98～209.4) μm (平均197.53 μm×184.75 μm)。分生孢子有两种类型，椭圆形或卵圆形，壁厚；不成熟时呈无色透明状，单胞，成熟后变棕色至黑色，具有纵纹，厚壁，双胞；分生孢子大小为(21.5～31.85) μm×(12.06～14.49) μm(平均26.63 μm×13.1 μm)(图2-7)。

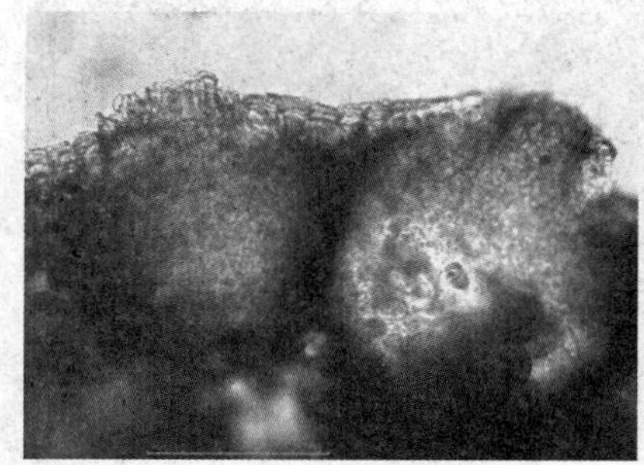

A. 分生孢子器聚生

B. 单胞分生孢子

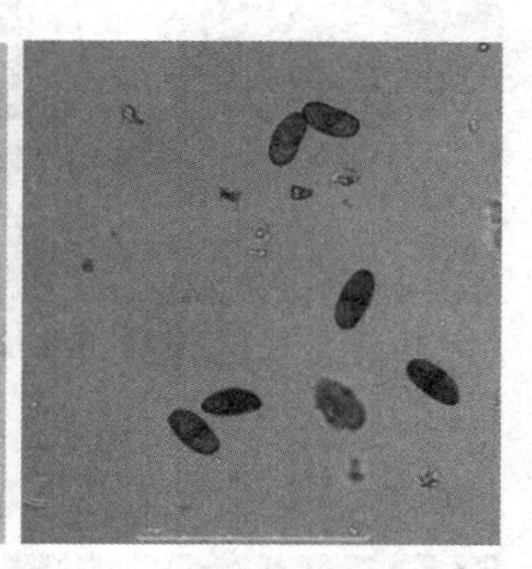

C. 双胞分生孢子

**图2-7 假可可毛色二孢(*Lasiodiplodia pseudotheobromae*)的分生孢子器及分生孢子**

**(7)橡胶树藻斑病**

**症状** 主要为害橡胶树的叶片。初期在叶面产生黄绿色针头大的小斑点，逐渐向四周呈放射状扩展，形成直径3～5mm，圆形隆起的黄绿色绒毛状病斑，后期病斑中央变灰白色、略凹陷。

**病原** 绿藻门，桔色藻科，头孢藻属的头孢藻（*Cephaleuros virescens* Kunze）。寄生藻的孢囊梗黄褐色、粗壮、呈叉状分枝，有明显的隔膜，顶端膨大呈近球状或半球状，其上生直或弯曲的瓶状小梗，每个小梗顶端着生扁球形或卵形的孢子囊；孢子囊黄褐色，大小为(16～20) μm×(16～24) μm。高湿条件下孢子囊释放出肾形游动孢子(图2-8)。

**(8)橡胶树绿斑病**

**症状** 主要为害橡胶树的叶片。发病初期，下层叶片上表面的叶脉、叶尖及叶缘处呈现黄绿色小点，扩展后相互汇合成黄绿色或绿色斑块，最后形成一层覆盖全叶的绿色污斑。影响叶片的光合作用，导致叶片早衰。空气湿度较大时，病斑发展迅速。

**病原** 绿藻门，胶毛藻科，虚幻球藻属的虚幻球藻［*Apatococcus lobatus* (Chodat) J. B. Petersen］，藻细胞球形，无色，单胞或3至多个聚在一起；单个藻细胞直径为5～18 μm，细胞壁薄，光滑，具色素体1个(图2-9)。

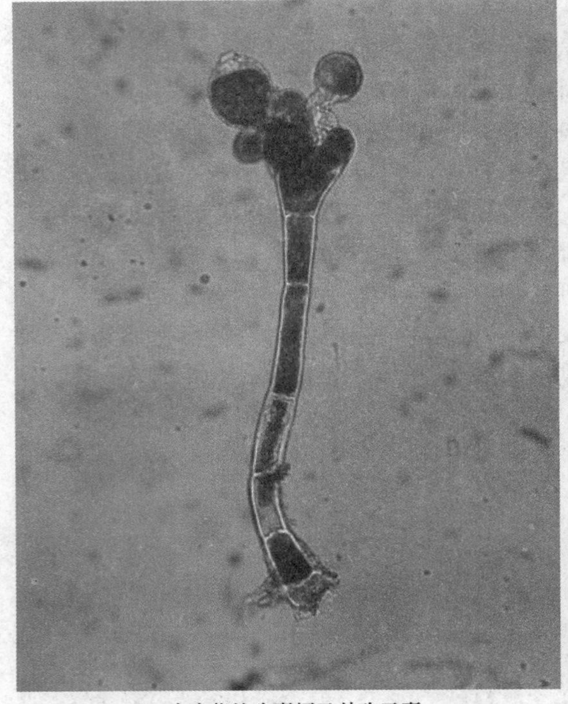

A. 头孢藻的孢囊梗及幼孢子囊

B. 头孢藻的孢子囊释放游动孢子

图 2-8 头孢藻(*Cephaleuros virescens*)的分生孢子器及分生孢子 (李增平摄)

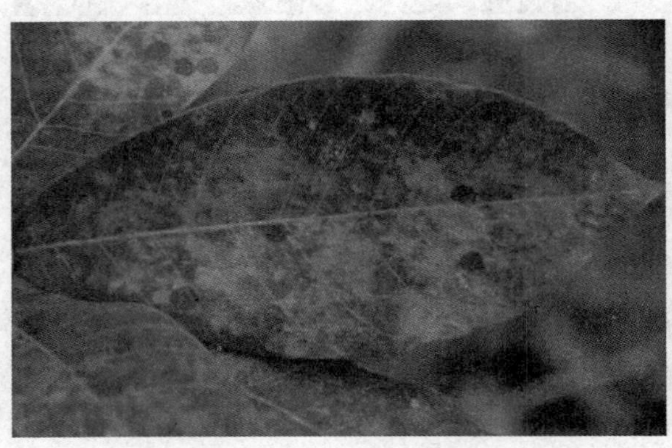

A. 橡胶树病叶上的藻体形态

B. 虚幻球藻藻细胞形态

图 2-9 虚幻球藻(*Apatococcus lobatus*)在胶叶上的形态及藻细胞形态 (李增平摄)

**(9)橡胶树南美叶疫病**

**症状** 嫩叶最易感病,发病初期,只出现透明斑点,随后迅速变成暗淡的、橄榄色或青灰色的斑点,其上长有绒毛状物。病斑多时,则整张叶片卷缩变黑脱落,或挂在枝条上呈火烧状。后期病斑多数穿孔,在病斑四周产生许多黑色圆形子实体。

**病原** 为子囊菌门,腔菌纲,座囊菌目,小环腔菌属的乌勒小环腔菌[*Microcyclus ulei*

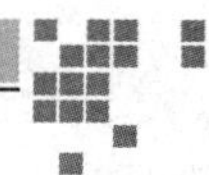

(P. Henning) von Arx. =*Dothidella ulei* P. Henning]。病菌分生孢子梗簇生，褐色单细胞，基部半圆形。分生孢子顶生，椭圆形或长梨形，常弯曲，单细胞和双细胞，单胞型的孢子大小为(15～34) μm×59 μm，双胞型的为(23～65) μm×(5～10) μm。分生孢子器黑色，炭质，圆形或椭圆形。器孢子为哑铃状，大小为(12～20) μm×(2～3) μm。子囊果直径 200～400 μm。子囊孢子无色，双细胞，长椭圆形，大小为(12～20) μm×(2～5) μm(图 2-10)。

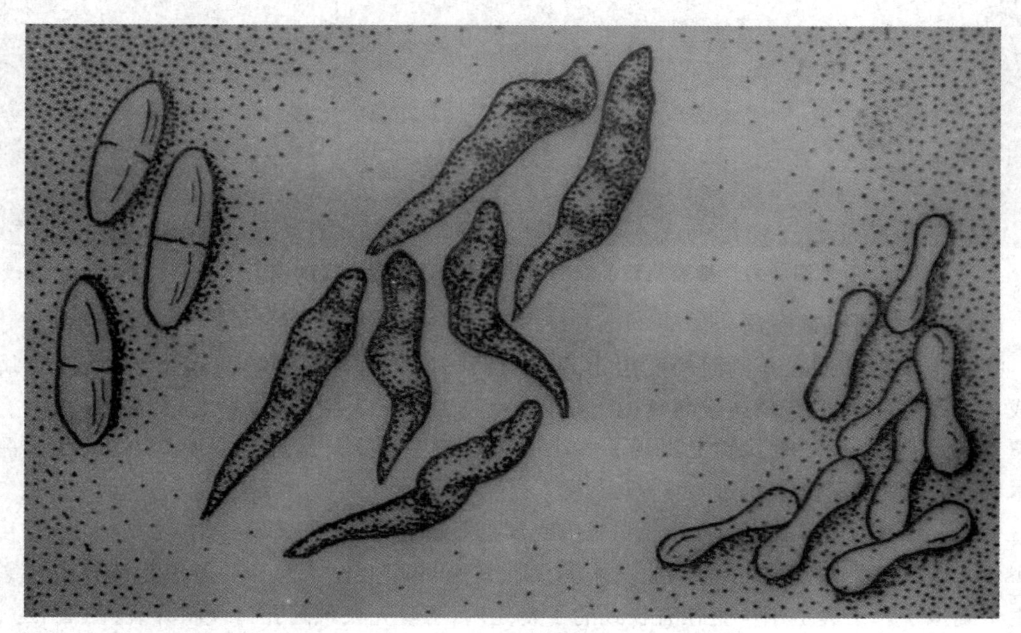

图 2-10　乌勒小环腔菌(*Microcyclus ulei*)的子囊孢子(左)、分生孢子(中)、器孢子(右)

**2. 橡胶树茎干病害**

**(1)割面条溃疡病**

**症状**　所致病害特征症状是在新割面上首先出现 1 至数条、数十条竖直的黑线条，病痕深达木质部。黑线条可扩大或汇合成条斑或块斑。病组织坏死，针刺无胶流出。根据天气及病情的不断发展和变化，病斑分为 3 种类型：

①急性扩展型病斑：病部水渍状或流黄水，病健交界模糊不清。

②慢性扩展型病斑：病健交界明显，有一条褐线包围病部。

③稳定型病斑：病斑凹陷，边缘长出愈伤组织，表皮破裂隆起。

**病原**　由卵菌门，卵菌纲，霜霉目，疫霉属的多种疫霉菌(*Phytophthora* spp.)引起(图 2-11)。柑橘褐腐疫霉(*P. citrophthora*)为主要致病菌，其他还有棕榈疫霉(*Phytophthora palmivora*)、族囊疫霉(*P. botryosa*)、蜜色疫霉(*P. meadii*)、寄生疫霉(*P. parasitica*)、辣椒疫霉(*P. capsici*)等。柑橘褐腐疫霉(*P. citrophthora*)菌丝无色透明，管状，分枝少，无隔膜，多核；病菌在 CA 培养基(察氏培养基)上的菌落呈花瓣状。孢囊梗分枝不规则。孢子囊形状变异很大，有倒梨形、长倒梨形、卵形、椭圆形、葫芦形或不规则形，基部钝圆，长 49(39～65) μm；乳突明显，一般单乳突(图 2-11)。

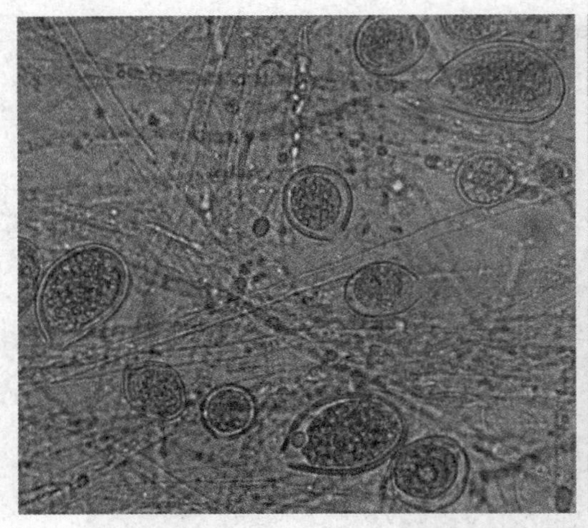
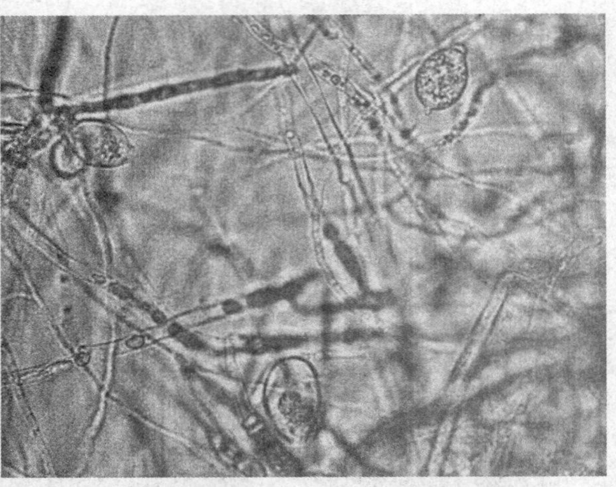

图 2-11　橡胶割面条溃疡病病菌的无隔菌丝和游动孢子囊　　（李增平摄）

**(2)橡胶树割面霉腐病**

**症状**　发病初期在新割面的皮层出现略为凹陷的暗褐色斑块，后变黑色。后期斑块联合成为一条与割线平行相连或断续的下陷黑带，胶工称其为割面"发乌"（烂番薯皮状）。其上覆盖一层白霉，后期霉状物上出现一些小而黑的刺毛状物。病部皮层腐烂，露出变蓝黑色的木质部，但变色深度不超过 0.6 mm。

**病原**　子囊菌门，核菌纲，球壳目，长喙壳属的甘薯长喙壳（*Ceratocystis fimbriata* Ell. et Halst）。菌丝体为橄榄褐色，有隔膜。病菌无性繁殖可产生分生孢子和厚垣孢子。有性繁殖产生子囊孢子。子囊孢子产生在有长颈的子囊壳内，子囊壳长颈的孔口须状开裂(图 2-12)。

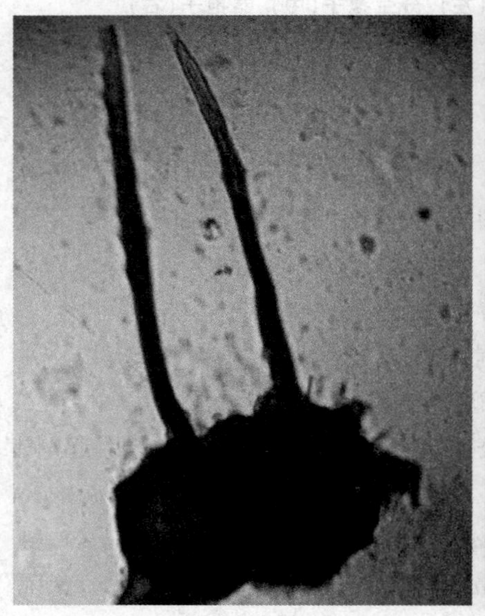
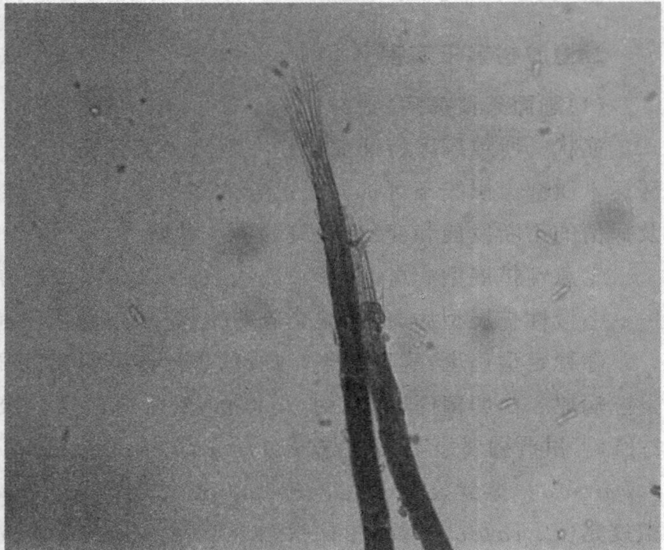

图 2-12　甘薯长喙壳(*Ceratocystis fimbriata*)具长颈子囊壳(左)和须状开裂的孔口(右)　　（李增平摄）

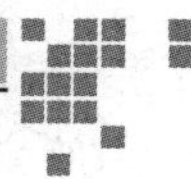

**(3)橡胶树绯腐病**

**症状** 病害通常发生在胶树树干的第二、第三分杈处。发病初期,病部树皮表面出现蜘蛛网状银白色菌索,随后病部逐渐萎缩,下陷,变灰黑色,爆裂流胶,最后出现粉红色泥层状菌膜,皮层腐烂。后期粉红色菌膜变为灰白色。在干燥条件下菌膜呈不规则龟裂。重病枝干,病皮腐烂,露出木质部,病部上方枝条枯死,叶片变褐枯萎。

**病原** 担子菌门,层菌纲,非褶菌目,伏革菌属的鲑色伏革菌(*Corticium salmonicolor* Berk. et Br.)。菌丝有分隔,初为白色网状,边缘羽毛状。担子果扁平,薄膜状。担子椭圆形,大小为 58 μm×47 μm,在菌丝层表面形成一层微黏的光滑平面,担孢子单胞,卵圆形,无色透明,大小为(9～12) μm×(6～17) μm,担孢子密集成堆时呈橘红色。

**(4)橡胶树褐皮病**

**症状** 发病橡胶树割面上的割线干涸,变褐色,不排胶。在割线上出现一些沿着乳管列外部分布的褐色条纹或斑点,通常在割线上方的胶乳早凝,引起胶乳外流。

**病原** 原核生物界,厚壁菌门,植原体属的植原体(*Phytoplasma* sp. =MLO)。

**(5)橡胶树回枯病**

**症状** 发病幼树先从树冠顶端枝条开始,小枝落叶干枯,内部组织变褐,继而蔓延到主干,沿主干向下扩展,有的病株茎干皮层组织呈纵向条带状坏死,所有病株木质部均发生蓝色病变,横切基部主干可见木质部有沿主干中央向外呈扇形或放射状扩展的蓝色病变,发病后期整株幼树枯死,部分病树茎干表面伴随有流胶现象。

**病原** 半知菌类,腔孢纲,球壳孢目,毛色二孢属的可可毛色二孢(*Lasiodiplodia theobromae* (Pat.) Criff. et Maubl.)。病原菌在 PDA 培养基中菌落呈圆形,白色,辐射生长,絮状,老化后变为蓝黑色至黑色,边缘整齐。病原菌的分生孢子器呈近球形,黑色,直径为 135～309 μm,平均直径为 203 μm;分生孢子有两型,初期为单胞无色,后期为双胞褐色,褐色双胞孢子表面有纵脊,分生孢子大小为(23.53～37.18) μm×(13.49～20.28) μm,平均 28.14 μm×15.69 μm(图 2-13)。

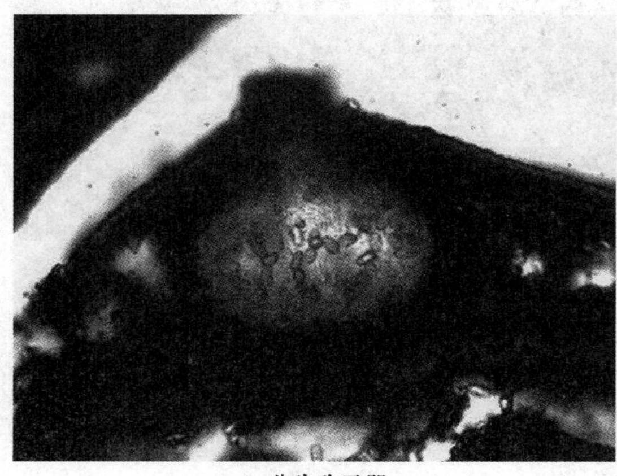

A. 分生孢子器

B. 分生孢子(双胞)

**图 2-13 可可毛色二孢(*Lasiodiplodia theobromae*)的分生孢子器及分生孢子** (李增平摄)

**(6)橡胶树枯萎病**

**症状**　主要为害定植1～3年的幼树。田间发病幼树顶梢自上而下回枯变褐，呈现“半边死”症状。枯死枝条、茎干木质部髓心变褐，木质部横切面有零散分布的褐色病变症状。有的幼树基部茎干一侧的树皮爆裂溢胶，溢胶凝固变黑，削去表皮，韧皮部组织变黄褐色至黑褐色，木质组织有变黑褐色的纵向条纹，条纹直达同一侧的基部根系。

**病原**　半知菌类，丝孢纲，瘤座孢目，镰刀菌属的尖孢镰刀菌（*Fusarium oxysporum* Schl.）和腐皮镰刀菌[*F. solani*（Mart.）Sacc.]。

尖孢镰刀菌（*Fusarium oxysporum* Schl.）：一种分布较广的土传病原真菌，寄主范围广，可寄生葫芦科、茄科、芭蕉科、锦葵科、豆科、西番莲科等100多种植物，引起枯萎、根腐、茎腐等病害。PDA平板培养基上的菌落呈絮状突起，略带有紫色，菌丝白色质密。小型分生孢子卵形或肾形，单胞，无色，大小为(5～12) μm×(2～3.5) μm，常在瓶梗顶端聚成球形；大型分生孢子镰刀形，无色，多胞，多数3个隔膜，少许弯曲，两端细胞稍尖，大小为(19.6～39.4) μm×(3.5～5.0) μm。厚垣孢子间生或顶生于菌丝上，球形，淡黄色，单生或串生(图2-14 A)。

腐皮镰刀菌[*F. solani*（Mart.）Sacc.]：腐皮镰刀菌可引起核桃、番薯、龙蒿草、粉葛、大豆等一些植物的根腐病和甜椒等果腐病。在PDA培养基上的菌落呈灰白色，具明显的环状轮纹，气生菌丝发达，密绒状。大型分生孢子呈纺锤形，无色，短而胖，稍弯，两端较钝，顶胞钝圆，基胞有足跟，壁较厚，马蹄形，通常2～3隔膜，大小为(15～43.4) μm×(2.8～5.0) μm。小型分生孢子卵形或肾形，无色，0～1隔膜，大小为(8～16.4) μm×(2.5～4.0) μm(图2-14 B)。

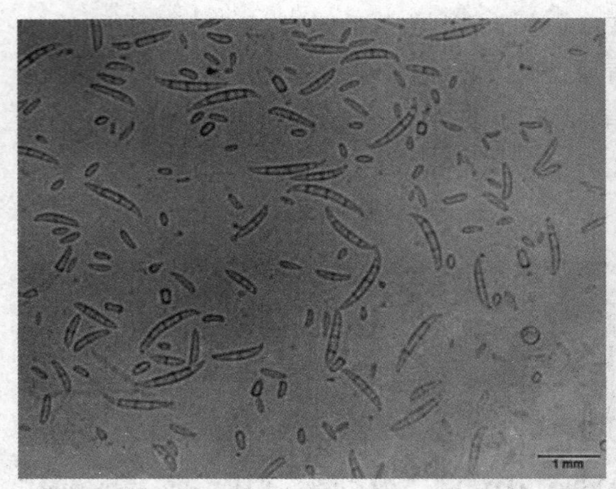


A. 尖孢镰刀菌（*F. oxysporum*）

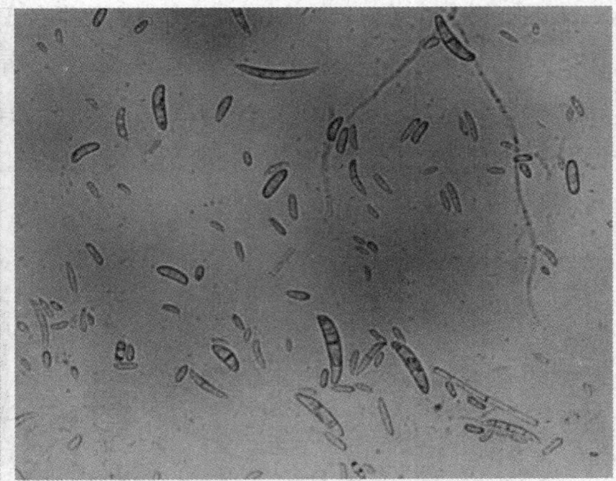

B. 腐皮镰刀菌（*F. solani*）

**图2-14　尖孢镰刀菌(*Fusarium oxysporum*)和腐皮镰刀菌(*F. solani*)的分生孢子**

（李增平摄）

**(7)橡胶树丛枝病**

**症状**　枝条变扁，畸形，缩节，丛枝。顶部叶片变小或成簇。

**病原**　原核生物界，厚壁菌门，植原体属的植原体（*Phytoplasma* sp.＝MLO）。

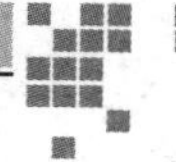

**(8)橡胶树寒害**

**症状** 橡胶树发生寒害后,幼树和大树主要表现为茎干、割面和枝条爆皮,在皮层内部和表面溢出大量白色胶乳、树冠顶蓬叶变色、失水枯萎,随后枝条自顶端回枯,敏感品系自上而下整株枯死;后期茎干和枝条上溢出的凝胶变黑,爆胶处木质部组织发黑,并有纵向延伸的黑色细条纹,病变组织易遭受小蠹虫蛀食。茎干和割面寒害分干枯型、爆胶型和爆胶干枯混合型 3 类,干枯型外皮枯死,形成层未受害,仍可分生韧皮细胞,干死的外皮会自行脱落;爆胶型树皮爆皮流胶,爆胶伤口宽度小于 5 cm 的会在树皮内形成凝胶块,爆胶口宽度在 5～10 cm 及以上的则在伤口处形成大量凝胶块。苗圃幼苗受寒害后,上部叶片先行变色,失绿,继而失水枯萎,植株自顶端向下回枯,病健处溢出几滴白色凝胶,凝胶后期变黑。烂脚是指橡胶树茎基部受寒害后,离地面 30 cm 范围内的茎基部树皮溃烂。受害部位初期内皮层变色,内部往往夹有凝胶块,皮层隆起,爆裂流胶,树皮可继续溃烂。到了后期烂皮干缩下陷,形成烂脚(图 2-15)。

A. 割面流胶

B. 枯枝

C. 烂脚

**图 2-15 橡胶树寒害症状** （李增平摄）

**病原** 橡胶树遭遇 2 天以上小于 10℃的低温发生辐射型寒害,遭遇 5～10 天 的低温则发生平流型寒害。连续出现 3 天以上的日平均温度小于 13℃,日最低温度小于 5℃的降温过程,在荫蔽度大的林段便会发生烂脚病。

**(9)橡胶树桑寄生害**

**症状** 橡胶树茎干或枝条上被寄生的部位畸形肿大,受害茎干及枝条上的叶片生长衰弱、提早枯黄脱落,形成枯枝。

**病原** 被子植物门,桑寄生科,钝果寄生属的广寄生(*Taxillus chinensis* ＝*Loranthus gebosus*)。别称桑寄生、梧州寄生茶、苦楝寄生、桃树寄生、松寄生等,为被子植物门、桑寄生科、钝果寄生属的常绿半寄生、茎寄生的小灌木。高 1 m,老枝无毛,枝上有凸起的灰黄色皮孔，嫩枝及嫩叶表面长有黄褐色短毛。互生或近于对生，革质，卵圆形至长椭圆形，长 3～8 cm，宽 2～5 cm，先端钝圆，边缘常呈浅波状；聚伞花序，1～3 个聚生于叶腋，花萼和花冠均被红褐色星状短柔毛，花冠狭管状，紫红色，稍弯曲，长 2.7 cm，花萼近球形，与子房合生，花盘杯状，花柱线形，柱头头状；浆果椭圆形，淡黄色，长约 1 cm，顶端平截，基部钝圆，幼果表面密生小瘤突起，疏被柔毛，成熟果光滑、无毛(图 2-16)。

**图 2-16　橡胶树上的桑寄生植株**　(李增平摄)

**(10)橡胶树鞘花寄生**

**症状**　被鞘花寄生的橡胶树植株生势衰弱，部分枝条枯死。枝条上被寄生的部位肿大呈球形，球形肿瘤上长有绿色鞘花植株，枝条肿大部位的上下端均吸附着长吸盘的鞘花灰褐色根出条。海南白沙、琼中，云南等地胶园的胶树上均有发现。

**病原**　鞘花[*Macrosolen cochinchinensis* (Lour.) Van Tiegh.]为被子植物门，桑寄生科，鞘花属的一种茎寄生植物。小灌木，小枝表皮呈灰色，具明显皮孔。叶对生，革质，卵形至披针形，长 6～9 cm，宽 2.5～4 cm，基部楔形，顶端渐尖，中脉在叶背凸起明显，侧脉 5 对。总状花序，多从小枝已落叶腋部位生出，苞片阔卵形，在基部合生，花托椭圆状，副萼环状，花冠橙色。果实近球形，橙色，果皮平滑。花期 4—6 月，果期 7—8 月(图 2-17)。

**图 2-17　橡胶树枝条上的鞘花寄生**　(李增平摄)

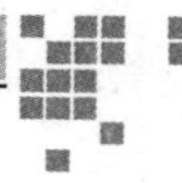

**(11)橡胶树菟丝子寄生**

**症状** 橡胶树幼苗的嫩茎、枝条、叶片被菟丝子寄生后，菟丝子生长迅速而繁茂，把部分树冠覆盖，不仅影响胶苗叶片的光合作用，而且夺取其营养物质，致使叶片黄化易脱落，枝条和叶柄被菟丝子缠绕而呈现缢痕，树势衰落，生长不良，严重时嫩梢和叶片枯死。

**病原** 南方菟丝子(*Cuscuta australis* R. Br.)为被子植物门，旋花科，菟丝子属的一年生寄生草本。茎金黄色，纤细，肉质，无叶。花序侧生，多花簇生成小伞形，花冠乳白色或淡黄色，杯状，顶端圆；蒴果扁球形，下半部为宿存花冠所包，成熟时不规则开裂，常有 4 粒种子，种子淡褐色，卵形，表面粗糙(图 2-18)。

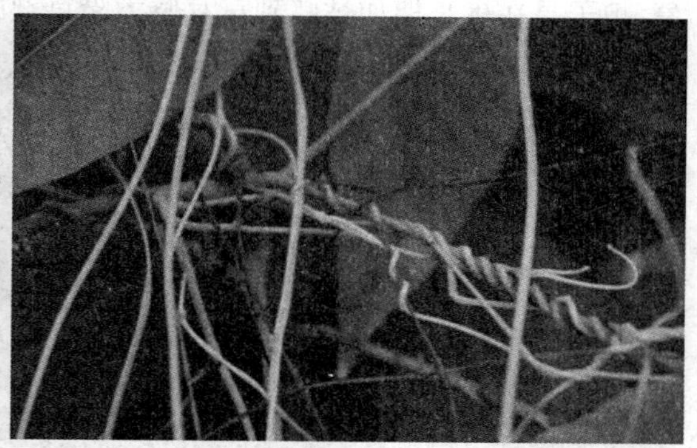

图 2-18 橡胶树幼苗上的菟丝子寄生 (李增平摄)

**3. 橡胶树根部病害**

目前中国已发现 7 种根病，即红根病、褐根病、紫根病、黑纹根病、黑根病、白根病、臭根病，其中以前 3 种为害最为普遍，危害也较重。

地上部相似症状：一般表现为树冠稀疏，枯枝多，顶芽抽不出或抽芽不均匀，叶片往往变小、变黄、无光泽，甚至卷缩。秋冬季早落叶或春季迟抽叶。树干干缩，有些病树树头出现条沟、凹陷或烂洞。高温多雨季节还会在病树基部长出菌膜和子实体。

根病诊断的主要依据：

①病根表面的菌丝、菌膜(索)的色泽。

②病根的外观(根表粘泥沙情况和木质部的线纹)、质地及气味。

③子实体的形状及颜色。

**(1)红根病**

**症状** 病根表面平粘一层泥沙，用水较易洗掉，洗后常见枣红色革质菌膜，有时可见菌膜前端呈白色，后端变为黑红色。后期病根木质部组织湿腐，松软呈海绵状，皮木间有一层白色到深黄色腐竹状菌膜。具有浓烈蘑菇味。

**病原** 引起橡胶树红根病的病原菌为担子菌门，层菌纲，非褶菌目，灵芝科，灵芝属的橡胶灵芝［*Ganoderma pseudoferreum* (Bres & Henn) Bres］和菲律宾灵芝［*G. philippii* (Bres & Henn) Bres］。

橡胶灵芝［*Ganoderma pseudoferreum* (Bres & Henn)Bres］：担子果一年生或两年生，

木栓质，无柄。多个菌盖复生呈扇形，基部相连呈覆瓦状，木质坚硬，上表面有皱纹，大小为22 cm×42 cm，厚0.25～2.7 cm，表面红褐色、灰褐色或土褐色，无漆样光泽，有较宽的同心环纹；边缘钝，白色(图2-19)；菌肉有黑色壳质层，厚0.7～1.5 cm，菌管表层白色，单层，厚0.3～1.9cm，菌管层不发育或发育不明显，成熟担孢子不易发现。骨架菌丝淡黄褐色，宽6.2～7.3 μm，树枝状分枝，生殖菌丝透明，2.5～5.5 μm。担孢子卵圆形，单胞，一端斜截，褐色，大小为(8.7～9.1) μm×(3.3～5.4) μm，中央有一油滴。此种是引起橡胶树红根病的主要病原菌，主要分布于海南儋州、文昌、东方、三亚、陵水地区的胶园。在海南发现的担子果个体大，菌盖较薄呈覆瓦状生长，在少数担子果上出现在大菌盖上长出小菌盖的"叠生"现象，担子果在生长期如被喷到草甘膦类除草剂时则会长成脑髓状。

A. 担子果

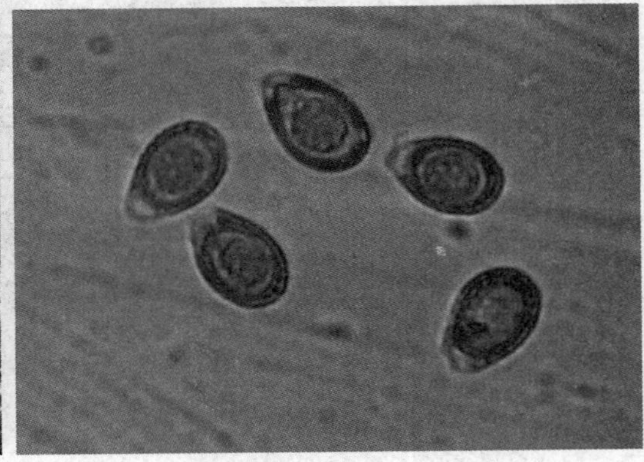

B. 担孢子

图 2-19　橡胶树树头生长的橡胶灵芝(*Ganoderma pseudoferreum*)的担子果及担孢子

(李增平摄)

菲律宾灵芝[*Ganoderma philippii* (Bres & Henn) Bres]：子实体一年生或多年生，木栓质，无柄。菌盖扇形，表面深褐色，复生，基部相连成覆瓦状，大小17 cm×22 cm，厚0.39～3.9 cm，无漆样光泽，有明显且致密的同心环纹，边缘钝，白色(图2-20)。菌肉有黑色壳质层，厚0.5～1.7cm，菌管表层灰白色，多层，厚0.3～1.9cm；管口圆形，每毫米4～6个。骨架菌丝淡黄褐色，宽5.2～7.4 μm，树枝状分枝，生殖菌丝透明，宽3.5～6 μm。担孢子卵圆形，大小为(6.3～8.4) μm×(4.5～5.8) μm，顶端平截，内壁褐色，表面有小刺或疣突。本种只在海南澄迈、琼中、五指山地区胶园发现。

**(2)褐根病**

**症状**　病根表面粘泥沙多，凹凸不平，不易洗掉，有铁锈色，疏松绒毛状菌膜和薄而脆的黑褐色菌膜。后期病根木质部组织干腐，质硬而脆，剖面有蜂窝状褐纹，皮木间有白色绒毛状菌丝体。病树根茎处有时烂成空洞。具有蘑菇味。

**病原**　担子菌门，层菌纲，非褶菌目，木层孔菌属的有害木层孔菌(*Phellinus noxius* Corner)。子实体木质，无柄，半圆形，边缘略向上，呈黄褐色，上表面黑褐色，下表面灰褐色不平滑，密布小孔，是产生孢子的多孔层。担孢子卵圆形，单胞，深褐色，壁厚。大小为(3.25～4.12) μm×(2.6～8.25) μm，有油滴(图2-21)。

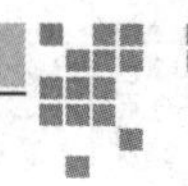

A. 担子果

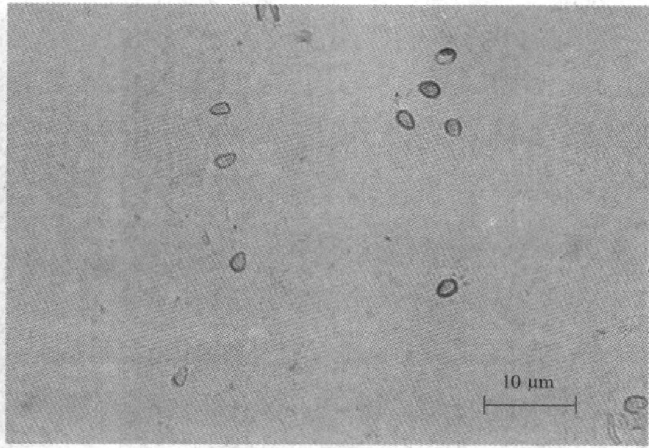


B. 担孢子

图 2-20 橡胶树树头生长的菲律宾灵芝(*Ganoderma philippii*)的担子果及担孢子

(李增平摄)

A. 担子果

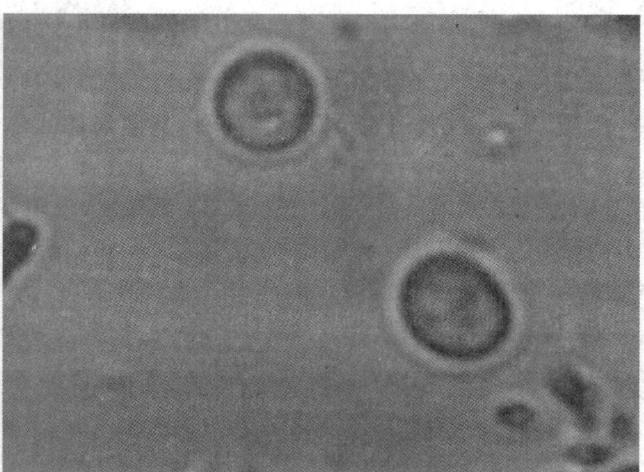

B. 担孢子

图 2-21 有害木层孔菌(*Phellinus noxius*)的担子果及担孢子 (李增平摄)

**(3)紫根病**

**症状** 病根表面不粘泥沙,有密集的深紫色菌索覆盖。已死病根表面有紫黑色小颗粒。后期病根木质部组织干腐、质脆、易粉碎,木材易与根皮分离。无蘑菇味。

**病原** 担子菌门,层菌纲,木耳目,卷担子菌属的紧密卷担菌(*Helicobasidium compactum* Boed.)。子实体平状,紫色、松软的海绵状。菌丝生于橡胶树的根部,表面形成紫色疏松菌丝结成的绒毛状的菌膜或网状菌丝束,扩展后形成扁球形菌核(图 2-22)。担子孢子单细胞,无色,卵圆形或镰刀形,顶端圆,基部略尖,表面光滑。

**(4)黑纹根病**

**症状** 病根表面不粘泥沙,表面无菌丝菌膜,在树干、树头或暴露的病根表面常有灰色或黑色炭质子实体。病根木质部组织干腐,剖面有锯齿状黑纹,有时黑纹闭合成小圆圈。无

A. 担子果

B. 菌索和菌核

图 2-22 紧密卷担菌(*Helicobasidium compactum*)的担子果、菌索和菌核 (李增平摄)

蘑菇味。

**病原** 子囊菌门,核菌纲,球壳目,焦菌属的炭色焦菌[*Ustulina deusta*(Hoffm. et Fr.) Petrak]。子实体由子座构成,子座初为白色至灰白色的薄片,随后逐渐变为深灰色或黑色块状物(图 2-23)。无性阶段的子实体青灰色,近边缘为浅灰色,孢子梗短而不分枝,无色。分生孢子单胞,无色,香瓜子形,大小为 2.5 μm×5.5 μm。有性阶段产生子囊壳,子囊壳埋生于子座中,黑色,球形;子囊棒状,内含子囊孢子 8 个,单行排列,有侧丝;子囊孢子单胞,香蕉形或梭形,褐色至黑色。

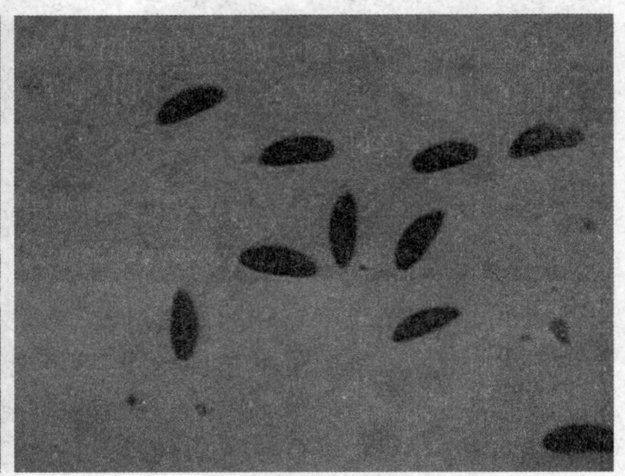

图 2-23 炭色焦菌(*Ustulina deusta*)的子座(左)和子囊孢子(右) (李增平摄)

**(5)臭根病**

**症状** 病根表面不粘泥沙,无菌丝菌膜。有时出现粉红色孢梗束。病根木质部组织坚硬,木材易与根皮分离,皮木间有扁而粗的白色至深褐色羽毛状菌索。具有粪便臭味。

**病原** 子囊菌门,核菌纲,球壳目,灿球赤壳属的匐灿球赤壳菌(*Sphaerostilbe repens*

Berk. et Br.)。有性阶段的子囊壳球形,深红色。直径达 500 μm;子囊孢子 8 个,双细胞,灰褐色至红褐色,卵圆形,微收缩,大小为 19~21 μm。无性阶段属于束梗孢(*Stilbum*),子实体高 2~8 μm,直径 0.5~1 μm,柄初呈粉红色,后变为红褐色,有毛,头白色,球形;分生孢子单细胞,卵圆无色,大小为(9~22) μm×(6~10) μm(图 2-24)。

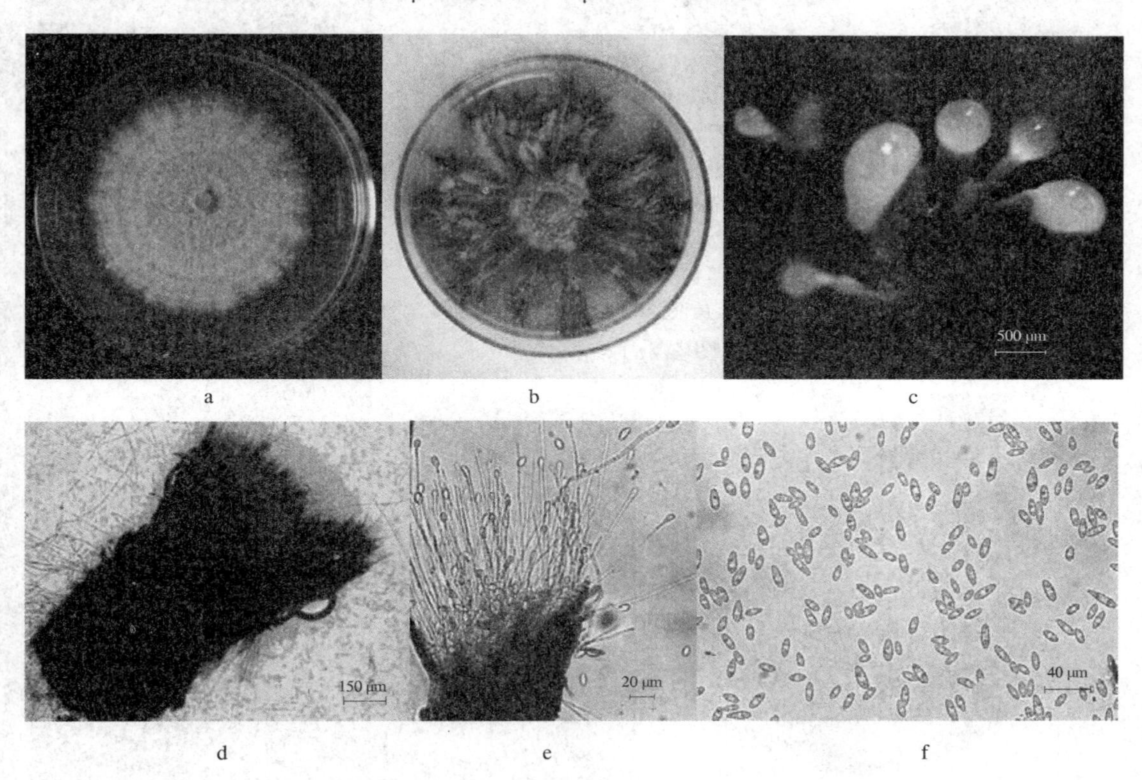


a. PDA 培养基上生长 12 天的菌落;b. 在 PDA 培养基上生长 15 天的菌落;c. 在 PDA 培养基上诱导长出的子实体;d. 孢梗束;e. 产孢细胞及分生孢子;f. 分生孢子

**图 2-24 匐灿球赤壳菌(*Sphaerostilb repens*)的菌落、孢梗束及分生孢子** (李增平摄)

**(6)黑根病**

**症状** 病根表面粘泥沙,水洗后可见网状菌索,其前端白色,中段红色,后段黑色,洗去泥沙菌索露出白色小点。后期病根木质部组织湿腐、松软、无条纹、有时呈白色。具有蘑菇味。

**病原** 担子菌门,层菌纲,非褶菌目,卧孔菌属的茶灰卧孔菌(*Porai hypobrunnea* Petch.)。根状菌索或菌皮有些部分呈红色,因此有"假红根病"之称。根状菌索生长很活跃,前端呈白色,较老部分变为黑色,在树根表面形成网状菌索,重病树地表下的茎干基部表皮呈黑色,因此称"黑根病"。子实体紧贴病部,为灰色薄片,表面密布小孔(图 2-25)。

**(7)白根病**

**症状** 病根表面根状菌索分枝,形成网状,先端白色,扁平,老熟时稍圆,黄色至暗褐色。病根木质部组织褐色、白色或淡黄色,坚硬。在湿土中腐烂的根呈果酱状。具有蘑菇味。

**病原** 担子菌门,层菌纲,非褶菌目,硬孔菌属的木质硬孔菌[*Rigidoporus lignosus*

图 2-25　茶灰卧孔菌(*Porai hypobrunnea*)的担子果(左)和菌索(右)　(李增平摄)

(KL.)Imaz.]。根状菌索粗细不一,一般不超过 0.6 μm。子实体檐生,无柄,通常单生或覆瓦状叠生。革质或木质,上表面橙黄色,有明显的黄色边缘,下表面橙色、红色或淡褐色。担孢子无色,圆形,直径 2.8～8 μm(图 2-26)。

图 2-26　木质硬孔菌(*Rigidoporus lignosus*)的担子果(左)和菌索(右)　(李增平摄)

**4. 橡胶树根病诊断检索表**

橡胶树根病诊断检索表

1. 病根表面有菌丝体 …………………………………………………… 2
1. 病根表面无菌丝体 …………………………………………………… 9
 2. 菌丝体呈膜状 …………………………………………………… 3
 2. 菌丝体呈索状 …………………………………………………… 6
3. 初生菌丝体为白色,后变枣红色 ……………………………………… 4
3. 初生菌丝体为白色,后变黑褐色,中间有铁锈色菌丝绒毛 ………………… 5
 4. 病根木质部后期松软,海绵状,无花纹 ……………………………… 红根病
 5. 病根木质部有褐色网纹,后期呈蜂窝状 ……………………………… 褐根病
6. 病根表面不粘泥,有紫色菌索,菌丝后段常有紫黑色小颗粒 …………… 紫根病
6. 病根表面粘泥,没有紫色菌索及黑色小颗粒 ……………………………… 7

7. 病根表面长有白色菌索，老熟时，呈奶油色，稍圆突起 …………………… 白根病
7. 病根表面没有白色菌索 …………………………………………………… 8
8. 病根表面长有黑色网状菌索 ………………………………………… 黑根病
8. 病根表面没有菌索也无菌膜 ………………………………………………… 9
9. 病根皮木之间长有白色或紫色、褐色扁平羽毛状菌索 …………………… 臭根病
9. 病根表面及皮木间无任何菌膜或菌索 ………………………………………… 10
10. 病根木质部有锯齿状黑纹或闭合成小圆圈 ………………………… 黑纹根病

**【实验学时】**

3～6 学时。

**【作业与思考题】**

1. 绘制橡胶树炭疽病、麻点病病原菌简图。
2. 当橡胶苗圃地发生炭疽病及麻点病时，如何鉴别它们？
3. 绘出橡胶树割面条溃疡病和季风性落叶病菌的孢子囊及游动孢子形态简图。
4. 温湿度对橡胶树割面条溃疡病菌的侵染和病斑扩展有何影响？
5. 几种根病树地上部分的症状有哪些共同特征？
6. 列表比较红根病、褐根病病根症状特征。
7. 诊断根病的主要依据有哪几方面？

## 实验三

# 胡椒常见病害识别

【实验目的】

通过识别胡椒常见病害的症状特征及病原，掌握其典型症状和病原种类，为田间诊断识别和病害防治打基础。

【材料和用具】

胡椒瘟病、炭疽病、花叶病、根结线虫病、枯萎病、细菌性叶斑病等病害的挂图及照片、腊叶标本、液浸标本、新鲜病害标本及病原物玻片标本。

载玻片、盖玻片、挑针、镊子、剪刀、酒精灯、蒸馏水、小透明胶、小木块、放大镜、铅笔、生物显微镜、电视显微镜、投影机等。

【内容及步骤】

**1. 胡椒瘟病**

**症状** 病菌能侵染胡椒的主蔓基部、根、枝条、叶、花、果穗等器官。主蔓基部木质部导管变黑，腐烂，流黑水，有腐臭味，病株叶缝无光泽，凋萎，随后落叶。天气潮湿时，病叶呈现大而圆、边缘放射状的黑色病斑（“黑太阳”），病斑背面有白色雾状物（即菌丝及孢子囊）；感病的未木栓化的蔓、花、果穗，病部变黑，易脱落。

**病原** 藻物界，卵菌门，卵菌纲，霜霉目，疫霉属的多种疫霉菌（*Phytophthora* spp.），我国以寄生疫霉（*P. parasitica* Dast.）和辣椒疫霉（*P. capsici* Leon.）为主。

寄生疫霉（*Phytophthora parasitica* Dast.）：孢子囊不脱落或难脱落，如脱落则带短柄。乳突明显，单个，偶 2 个，厚度 3.4～7.9 μm，梨形或近球形，基部钝圆，对称或不对称，顶生；有时可见附着丝，大小为（38.8～61.5）μm×（29.3～43.2）μm，长宽比值为 1.35（图 3-1A）。产生少量厚垣孢子。厚垣孢子圆形，顶生或间生，直径 19.8～41.8 μm。

辣椒疫霉（*Phytophthora capsici* Leon.）：菌丝粗细均匀，未见膨大体。偶见厚垣孢子。室温下在无菌水中，可形成大量孢子囊，孢囊梗伞状分枝，少数简单合轴分枝。孢子囊在水中易脱落，脱落时带一长柄，柄长 81.4～230 μm。孢子囊多数为舟形，少数近球形、肾形、梨形、椭圆形或不规则形，大小为（46～70.8）μm×（21.5～30）μm；孢子囊顶端乳头明显，呈半球形，单个，厚度 2.4～4.3 μm，偶见双乳突（图 3-1B）；水中的孢子囊在室温下很容易释放出游动孢子，游动孢子直径 6.5～10.3 μm，排孢孔宽 4.7～6.6 μm。

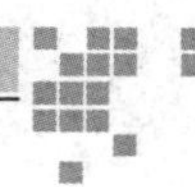

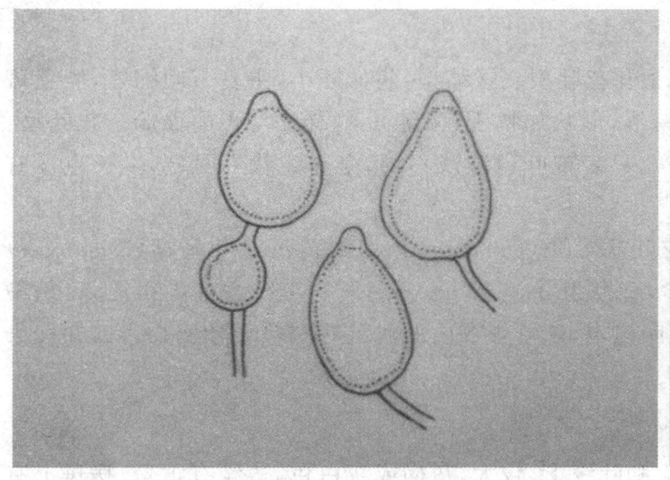

A. 寄生疫霉（*Phytophthora parasitica*）

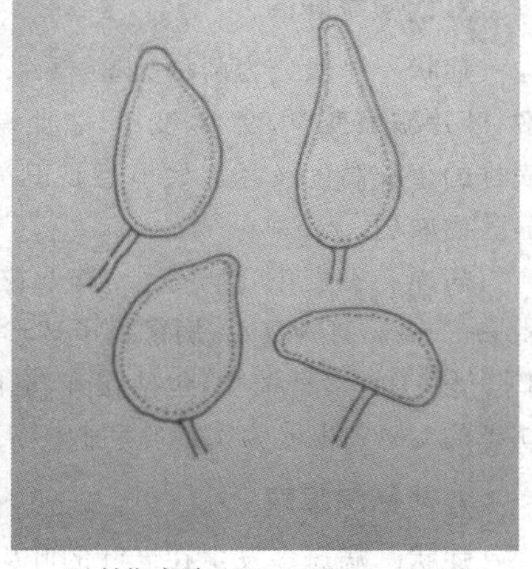

B. 辣椒疫霉（*Phytophthora capsici*）

**图 3-1　胡椒瘟病病原菌的孢子囊**　（李增平绘）

**2. 胡椒细菌性叶斑病**

**症状**　此病主要为害叶、枝、蔓、花序和果穗。叶片染病后，初期出现水渍状斑点，几天后病斑变为紫褐色，呈圆形或多角形，随后病斑渐变为黑褐色。后期许多病斑汇合成为一个灰白色大病斑，边缘有一黄色晕圈，病健交界处有一条紫褐色分界线。在潮湿条件下，叶片背面的病斑上出现细菌溢脓，干后形成一层明胶状薄膜。病叶早期脱落，严重时只留下光秃的枝蔓。枝条、果穗感病后发黑，易脱落。

**病原**　原核生物界，普罗斯特细菌门，黄单胞杆菌属的野油菜黄单胞菌蒌叶致病变种[*Xanthomonas campestris* pv. *betlicola* (Patel. et al.)Dye]菌体短杆状，末端圆形，大小为(0.4～0.7) μm×(1.0～2.4) μm，单个或成双排列，也有 3～5 个排成短链状。革兰氏染色阴性反应。无芽孢，鞭毛单根极生(图 3-2)。

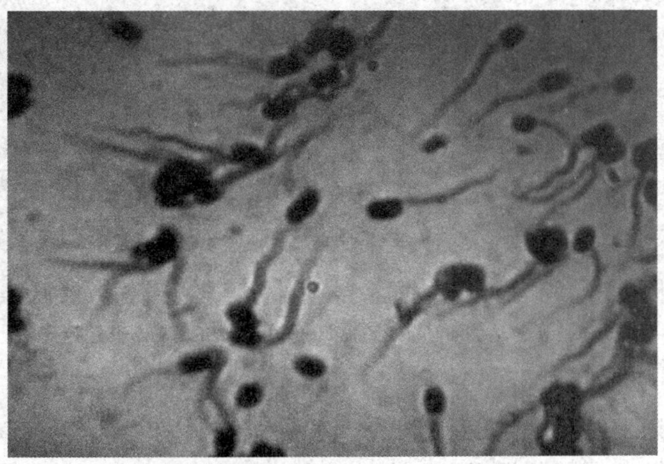

**图 3-2　野油菜黄单胞菌蒌叶致病变种( *Xanthomonas campestris* pv. *betlicola* )的菌体及鞭毛**

（李增平摄）

**3. 胡椒花叶病**

**症状** 一般分为两种类型:矮缩型和花叶型。矮缩型:病株矮小,主蔓节间缩短,叶色斑驳,叶片皱缩变厚,变小、变窄,卷曲畸形,形状如鸭舌;果穗短,果粒少,产量很低。花叶型:病株的生长高度及叶片大小近似正常,只表现叶色浓淡不均,全株症状不明显,生长也没有显著的减弱。

**病原** 雀麦花叶病毒科,黄瓜花叶病毒属(*Cucumovirus*)的黄瓜花叶病毒(*Cucumober mosaic virus*,CMV)。病毒粒子球形,直径为 20～30 μm。病原病毒寄主范围很广,可侵染 39 个科、100 多种植物,包括花卉、庭园树木、杂草等在内的双子叶和单子叶植物。已知侵染胡椒的 CMV 也能为害蒌叶和假酸浆。

**4. 胡椒炭疽病**

**症状** 病斑多发生在老叶的叶尖和叶缘上,较大,灰褐或灰白色,边缘有黄晕,病斑上有许多小黑粒排列成同心轮纹(病菌分生孢子盘)。嫩叶染病时出现暗绿色、水渍状病斑,后变黑色干枯。发病严重时,病叶脱落。

**病原** 子囊菌门,核菌纲,球壳目,小丛壳属的围小丛壳[*Glomerella cingulata* (Stonem.) Spauld. et Schrenk](图 3-3),无性态为黑刺盘孢菌(*Colletotrichum nigrum* Ell. et Halst. = *Colletotrichum gloeosporioides* Penz.)。病菌的分生孢子盘多在叶面散生,黑色,直径 100～250 μm,盘内有刚毛和短小的分生孢子梗。分生孢子顶生在分生孢子梗上,单胞,无色,椭圆形或圆筒形,有油点,大小为 12.2 μm ×4.0 μm (图 3-4)。

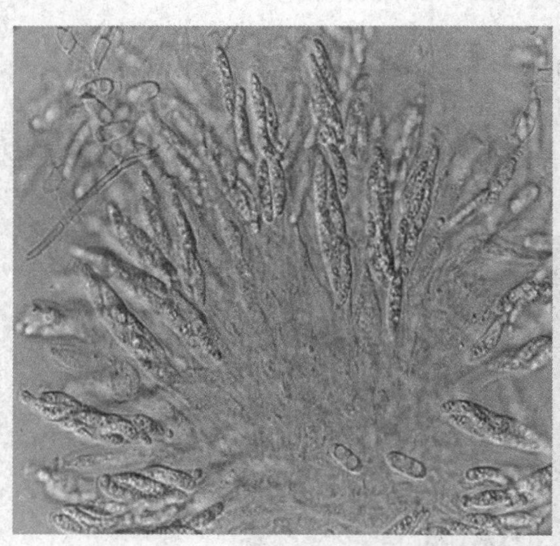
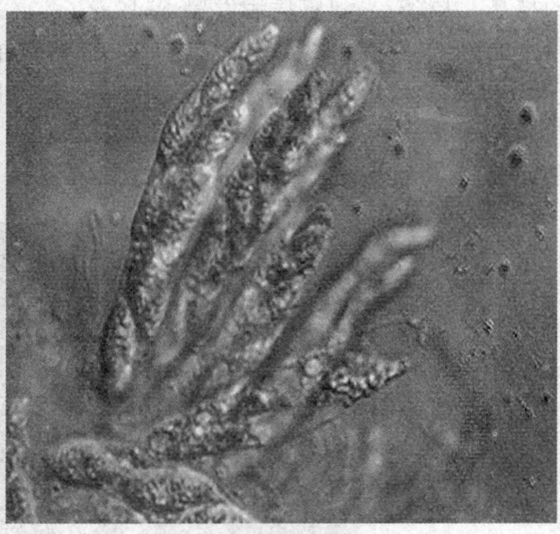

图 3-3 围小丛壳(*Glomerella cingulata*)的子囊及子囊孢子 (李增平摄)

**5. 胡椒枯萎病**

**症状** 病株初期表现为叶片失去光泽、褪绿并逐渐变黄,发病严重时,黄叶萎垂、脱落,嫩枝回枯、脱节,花序萎缩,最终整株死亡。地下部分先是小根变色、腐烂,继而整基部变褐色或黑褐色,最后茎基部和主根腐烂。在潮湿条件下,腐烂的茎基部有时可见到粉红色病原物。

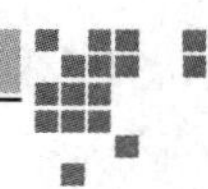

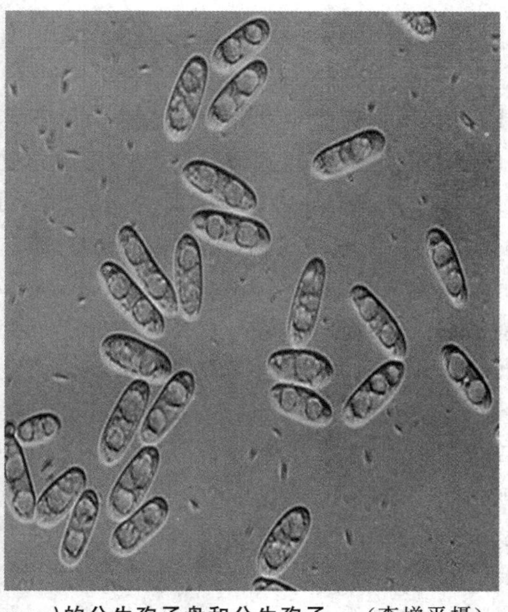

图 3-4　黑刺盘孢菌(*Colletotrichum nigrum*)的分生孢子盘和分生孢子　(李增平摄)

**病原**　半知菌类，丝孢纲，瘤座孢目，镰刀菌属的尖镰孢菌胡椒专化型(*Fusarium oxysporum* f. sp. *piperis* Q. S. Cheo et P. K. Chi)。病菌在 PSA(马铃薯蔗糖琼脂)培养基(25℃)上，气生菌丝茂盛，絮状，菌丛反面紫红色，小型分生孢子较多，椭圆形、卵圆形或肾形，0～1 个隔膜，大小为(4～10) μm ×(2～3) μm；大型分生孢子为镰刀形，壁薄，两端尖，无色，顶细胞稍呈钩状；基部有足细胞，3～5 个隔膜；厚垣孢子多，球形或椭圆形，单生或 2 个单生，光滑，常间生，无色(图 3-5)。

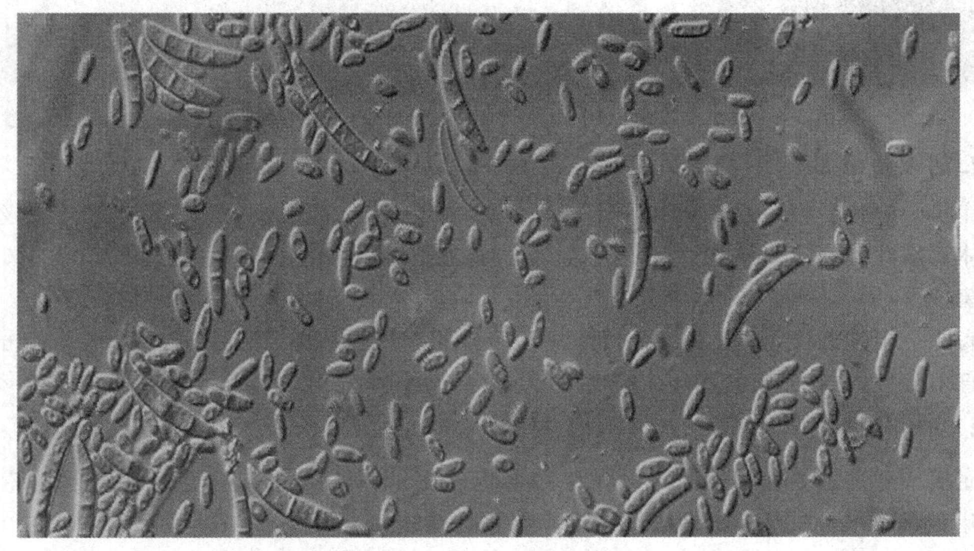

图 3-5　尖镰孢菌胡椒专化型(*Fusarium oxysporum* f. sp. *piperis*)的分生孢子　(李增平摄)

**6. 胡椒根结线虫病**

**症状** 植株受害根部形成许多不规则、大小不一的根瘤。根瘤初期乳白色，后变淡褐色或深褐色，最后呈现暗黑色。病株生长停滞，节间变短，叶片发黄，落花落果，甚至整株死亡。

**病原** 线虫门，侧尾腺纲，垫刃目，异皮科，根结线虫属（*Meloidogyne*）的多种根结线虫（*Meloidogyne* spp.）。优势种为南方根结线虫（*M. incognita*），还有爪哇根结线虫（*M. javanica*）、花生根结线虫（*M. arenaria*）。

南方根结线虫（*Meloidogyne incognita* Chitwood，1949）雌虫产卵于胶质物内形成卵囊。卵椭圆形或卵圆形，直径约 1 mm，最大可达 2～3 mm，初期无色透明，后期表面收缩变浅黄色块状。1 龄幼虫在卵内孵化，蜕皮为 2 龄幼虫后游出卵壳成为侵染性幼虫。2 龄幼虫线状，无色透明，口针明显，体长 400 μm，宽 1.5～2.0 μm。2 龄幼虫侵入寄主根部组织后内固定于根内取食，逐渐发育成 3 龄、4 龄幼虫，豆荚形，受侵根系膨大形成根结。成熟雌虫梨形，体长 0.8～1.0 mm，体宽 0.6 mm 左右；成熟雄虫线状，体长 1.0～1.5 mm，体宽 0.03～0.04 mm，生活于土壤中（图 3-6）。

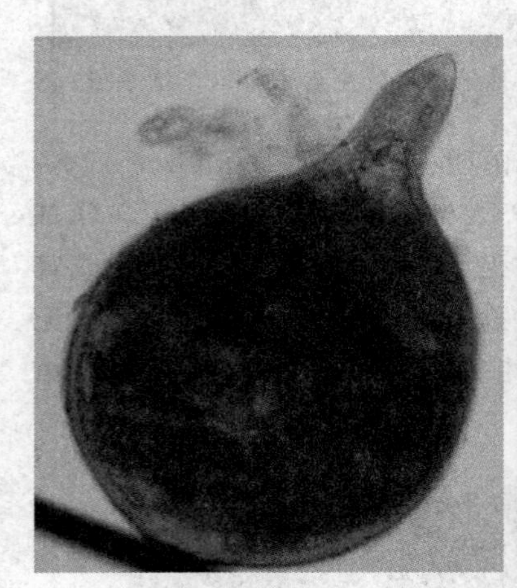
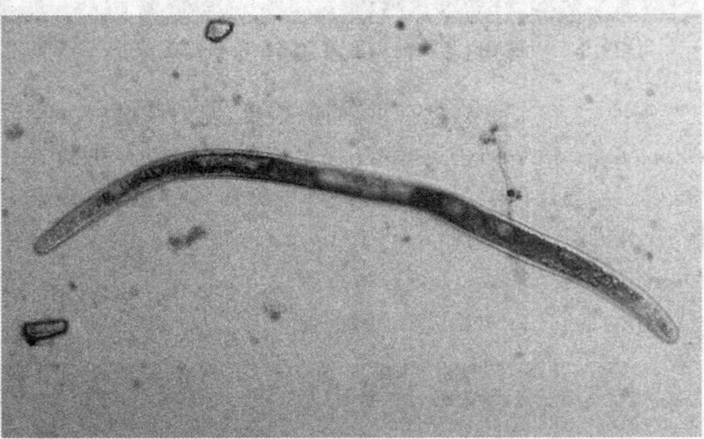

**图 3-6 根结线虫属（*Meloidogyne*）的梨形雌虫（左）和线形雄虫（右）** （李增平摄）

**7. 胡椒菌核病**

**症状** 叶片受害后出现不规则形或多角形褐斑，病叶背面及枝条上出现白色菌丝体。菌丝体将病叶和健叶联结在一起。天气潮湿时，在枯叶上产生一些直径约 1 mm 的圆形褐色小菌核。

**病原** 半知菌类，丝孢纲，无孢目，丝核菌属的立枯丝核菌（*Rhizoctonia solani* Kühn）。菌丝直角分枝，分枝基部缢缩（图 3-7）。

**8. 胡椒线疫病**

**症状** 病菌主要为害植株低层叶片和枝蔓。枝、叶染病后布满白色的菌丝和菌索。后期病叶变黑，干枯，脱落后被菌索联结在一起悬挂在枝条上。

**病原** 担子菌门，层菌纲，非褶菌目，伏革菌属的鲑色伏革菌（*Corticium salmonicolo* Berk et Br.）。

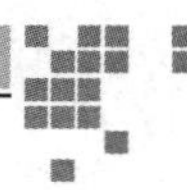

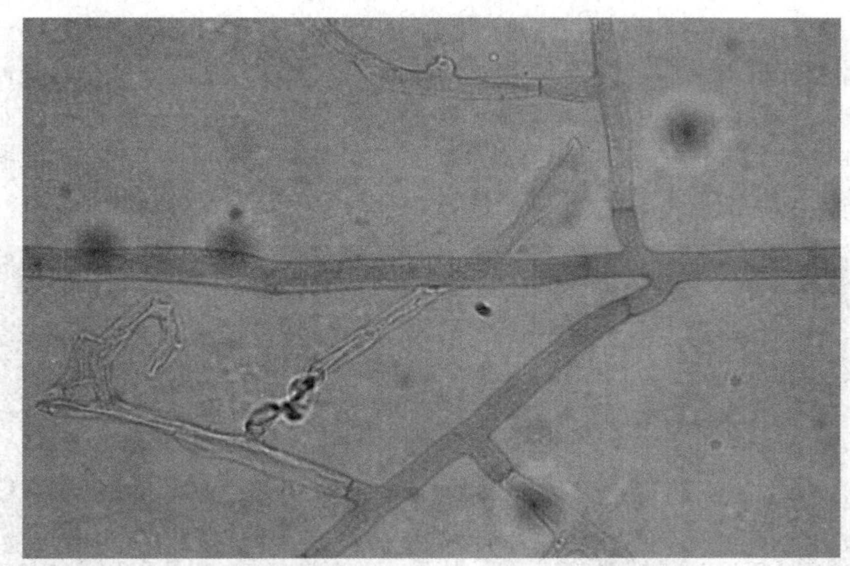

图 3-7　立枯丝核菌(*Rhizoctonia solani*)的直角分枝菌丝　　（李增平摄）

**9. 胡椒毛发病**

**症状**　主要为害胡椒的蔓、枝和叶片，发病枝叶失绿、发黄干枯，其上有黑色头发丝状或马尾毛状菌索缠绕。

**病原**　担子菌门，层菌纲，伞菌目，皮伞菌属的马尾皮伞菌（*Marasmis eguicrinis* Müller）。病菌在病枝叶上的菌索呈黑色毛发状或马尾毛状，有光泽，直径为 0.1～0.2 mm（图 3-8）；条件适宜时在菌索上产生微小的伞形担子果，担子果菌盖半球形，膜质，赤褐色或黑褐色，中央凹陷，表面有放射状沟纹；菌柄黑色具光泽。

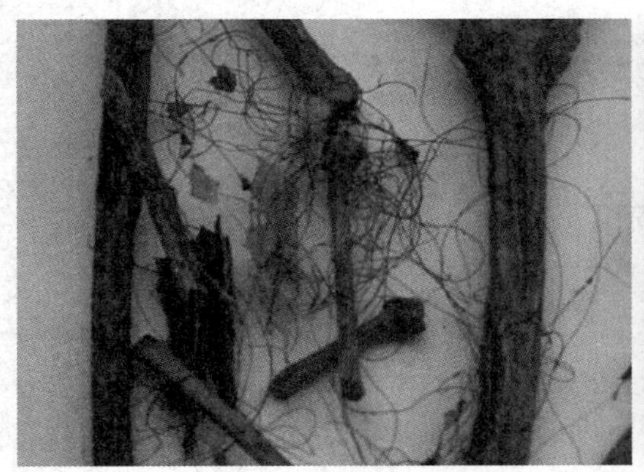

图 3-8　马尾皮伞菌(*Marasmis eguicrinis*)的黑色菌索　　（李增平摄）

**10. 胡椒藻斑病**

**症状**　胡椒藻斑病是胡椒上常见病害之一，主要为害胡椒的叶片。初期在叶面产生黄褐色针头大的小斑点，逐渐向四周呈放射状扩展，形成直径为 3～8 mm，圆形隆起的黄褐色绒毛状病斑，后期病斑中央变灰白色、略凹陷。

**病原** 绿藻门，橘色藻科，头孢藻属的头孢藻（*Cephaleuros virescens* Kunze）。寄生藻的孢囊梗黄褐色、粗壮、呈叉状分枝，有明显的隔膜，顶端膨大呈近球状或半球状，其上生直或弯曲的瓶状小梗，每个小梗顶端着生扁球形或卵形的孢子囊；孢子囊黄褐色，大小为（16～20）μm×（16～24）μm；孢子囊成熟后，遇水释放出游动孢子，游动孢子为肾形或椭圆形、无色、侧生双鞭毛（图 3-9）。

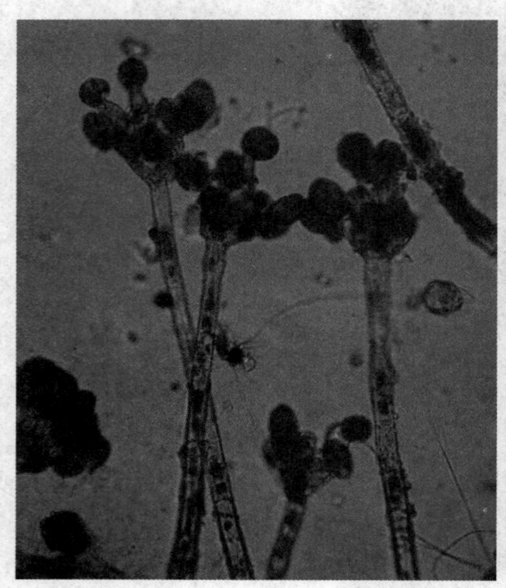
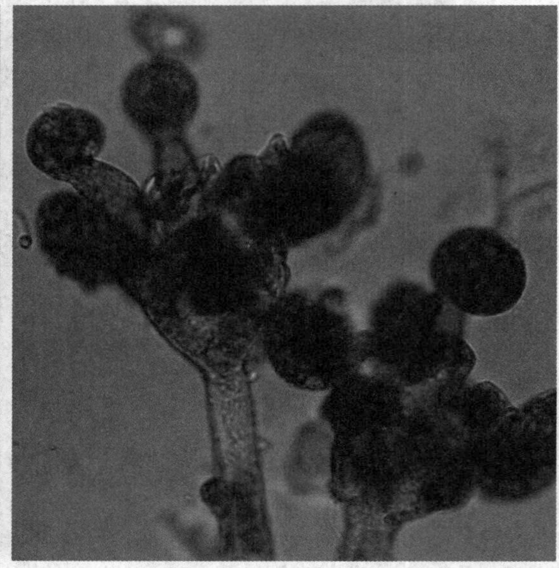

**图 3-9 头孢藻（*Cephaleuros virescens*）的孢囊梗、孢子囊** （李增平摄）

**【实验学时】**

3 学时。

**【作业与思考题】**

1. 分析胡椒瘟病发生情况与地形、地势、土壤类型、栽培管理等方面的关系。
2. 如何诊断胡椒瘟病？
3. 如何诊断胡椒枯萎病？
4. 绘制胡椒瘟病菌和胡椒枯萎病菌形态简图。

# ■ 实验四 ■
# 剑麻常见病害识别

【实验目的】

通过识别剑麻常见病害的症状特征及病原，掌握其典型症状和病原种类，为田间诊断识别和病害防治打基础。

【材料和用具】

剑麻斑马纹病、茎腐病、炭疽病、褐斑病、带枯病、寒害、紫色先端卷叶病等病害的挂图及照片、腊叶标本、液浸标本、新鲜病害标本及病原物玻片标本。

载玻片、盖玻片、挑针、镊子、剪刀、酒精灯、蒸馏水、小透明胶、小木块、放大镜、铅笔、生物显微镜、电视显微镜、投影机等。

【内容及步骤】

**1. 剑麻斑马纹病**

**症状** 病菌可以侵害麻株地上各部位，但不为害根部，感病后引起叶斑、茎腐和轴腐 3 种不同的症状。

叶斑：初期叶面出现浅绿色水渍小病斑，后扩展成深紫色和灰色相间的同心环带，病部有时会溢出褐色黏液。当病斑老化后，坏死组织皱缩，呈深褐色和淡黄色的同心轮纹，形成典型的斑马纹病斑；在潮湿情况下，病斑上可以长出一层白色的霉状物。

茎腐：发生茎腐植株表现为叶片失水，灰绿色、纵卷，叶片逐渐下垂，呈萎蔫状。

轴腐：叶轴感病，叶片表现褐色、卷起，严重时，叶轴易拉断，未展开的嫩叶在叶轴上腐烂，有不规则的褐色轮纹及恶臭气味。

**病原** 藻物界，卵菌门，卵菌纲，霜霉目，疫霉属的烟草疫霉（*Phytorhthora nicotianae* Breda）。病菌菌丝无色透明，无隔膜，在一定条件下可以产生孢子囊和厚垣孢子。孢子囊呈梨形（图 4-1），顶端有明显的乳头状凸起，大小为（68～40）μm×（50～34）μm；厚垣孢子直径为 20～40 μm；卵孢子黄色圆形，直径为 40 μm。

**2. 剑麻茎腐病**

**症状** 病菌自割叶伤口侵入，使叶桩组织呈黄褐色或红褐色水渍状湿腐，手压之有汁液流出；天气干旱时病部干缩，变紫红色。腐烂逐渐蔓延到邻近未割的叶片基部，染病组织湿腐，麻叶萎蔫下垂。湿腐的叶基和茎干组织有臭味。在叶桩切口、心叶的轴心内可见许多黑

图 4-1　烟草疫霉(***Phytorhthora nicotianae***)的孢子囊　　(李增平绘)

色霉状物,即病菌的分生孢子梗及分生孢子。

**病原**　半知菌类,丝孢纲,丝孢目,曲霉属的黑曲霉(*Aspegillus niger* van Teigh)。病菌菌丝在 PDA 培养基上为白色至淡黄色,疏松,气生菌丝白色,培养基反面白色至黄色,分生孢子梗顶端膨大呈球形、近球形,直径为 60～82 μm,其整球表面均产生 1 层梗基,梗基上再产生 2～3 层瓶梗,但有的球形膨大顶端只产生 1 层瓶梗;分生孢子自瓶梗产生,串生,球形,暗褐色,表面粗糙而密生小刺,直径为 4～4.5 μm;未成熟的分生孢子无色,球形、椭圆形,表面光滑(图 4-2)。

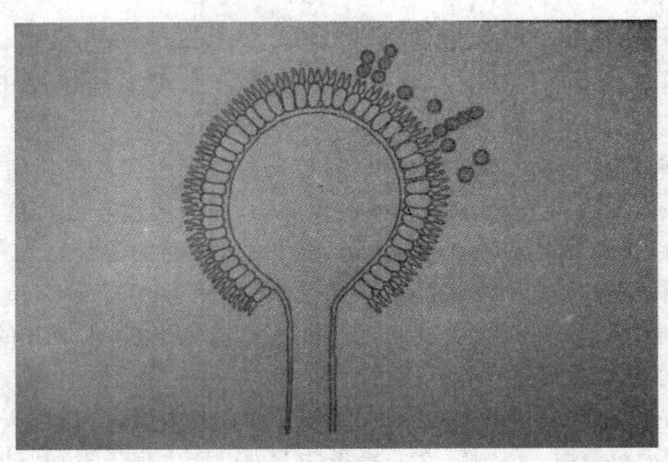

图 4-2　黑曲霉(***Aspergillus niger* van Teigh.**)的分生孢子梗及分生孢子　(李增平绘)

**3. 剑麻炭疽病**

**症状**　此病主要为害叶片,发病初期,在叶片正反两面产生浅绿或淡褐色稍凹的病斑,以后渐变为黑褐色,后期病斑不规则,上面散生许多小黑点。潮湿时出现粉红色黏液状物,干燥时,病斑皱缩。

**病原**　半知菌类,腔孢纲,黑盘孢目,刺盘孢属的剑麻刺盘孢菌(*Colletotrichum agaves*

Cav.)。病菌分生孢子盘初生于寄主表皮组织内,后来突破表皮而外露。分生孢子盘通常散生或聚生,排列成同心轮纹。分生孢子梗无色,直立。分生孢子圆筒形,两端钝圆,大小为(28~35) μm×(6~7) μm(图 4-3)。

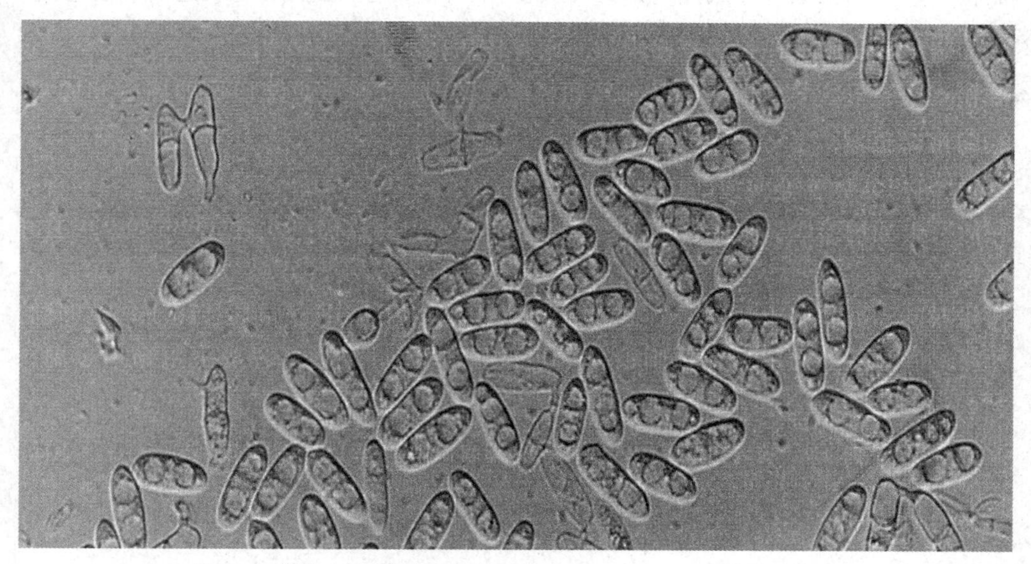

图 4-3 剑麻刺盘孢菌(*Colletotrichum agaves* Cav.)的分生孢子 (李增平摄)

**4. 剑麻褐斑病**

**症状** 初期叶片上病斑为长椭圆形或不规则形,后期褐色微凹,边缘红褐色,其上生许多小黑点,即病原菌的分生孢子器。病菌可以穿透叶片生长,使纤维受到严重的损害。

**病原** 半知菌类,腔孢纲,球壳孢目,色二孢属的剑麻色二孢(*Ddiplodia agaves* Moesz et Gollner)。

**5. 剑麻寒害**

**症状** 有白斑、黄斑两种类型:白斑发病初期叶片褪绿,呈灰白色,形状极不规则;黄斑多发生在成熟叶片上,呈黄色或黄绿色,不扩大也不蔓延,一般经过浮肿期、变色期和干皱期。

**病原** 冬春季昼夜温差过大所致。

**6. 剑麻带枯病**

**症状** 发病初期,在叶颈叶基背面出现许多浅绿色或黄褐色的斑点,直径为 1~2 mm,斑点逐渐变为深红褐色,部分斑点连在一起,形成不规则下凹大斑,坏死组织萎缩,后期坏死斑块在叶面横向发展,形成一条宽 10~15 cm 的带状病斑,叶片断折枯死。

**病原** 土壤缺钾引起。

**7. 剑麻褪绿斑驳病**

**症状** 病斑大,黄色,圆形或椭圆形,边缘不明显,分散出现于老叶和成熟叶的叶面,大小相似和数目不等,病叶不变色也不皱缩。

**病原**　可能与土壤缺钙和土壤酸性过高等有关。

**8. 剑麻紫色先端卷叶病**

**症状**　多出现在老叶和成熟叶片的叶尖上，病叶边缘呈紫色，叶缘两边向中肋卷曲。

**病原**　可能与与磷、钾、钙3种元素的缺乏有关。

**【实验学时】**

3学时。

**【作业与思考题】**

1. 如何区分剑麻斑马纹病和茎腐病？

2. 疫霉菌引起的热带作物病害有哪些？各有什么症状类型？

3. 绘制剑麻茎腐病病菌的形态简图。

# 实验五
# 咖啡、可可、香草兰、香茅常见病害识别

**【实验目的】**

通过识别咖啡、可可、香草兰、香茅常见病害的症状特征及病原，掌握其典型症状和病原种类，为田间诊断识别和病害防治打基础。

**【材料和用具】**

咖啡锈病、炭疽病、细菌性叶斑病、褐斑病、褐根病等病害的挂图及照片、腊叶标本、液浸标本、新鲜病害标本及病原物玻片标本。

载玻片、盖玻片、挑针、镊子、剪刀、酒精灯、蒸馏水、小透明胶、小木块、放大镜、铅笔、生物显微镜、电视显微镜、投影机等。

**【内容及步骤】**

**1. 咖啡病害**

**(1)咖啡锈病**

**症状**　咖啡锈病主要发生在叶片上，最初在叶上出现浅黄色水渍状小病斑，随后病斑扩大，叶片两面可见褐色病斑；在叶背病斑处产生橙黄色孢子堆。严重的叶片干枯而脱落。

**病原**　担子菌门，冬孢纲，锈菌目，驼孢锈属的咖啡驼孢锈菌(*Hemileia vastatrix* Berk. et Br.)。夏孢子堆从叶背气孔长出，肾形、柠檬形或三角形，有明显的驼背，其背面密生许多圆锥形的瘤状突起，腹面光滑无刺，橙黄色。冬孢子罕见，陀螺形或不规则形，米黄色，表面光滑，基部突起，上部有乳头状突起(图 5-1)。

**(2)咖啡炭疽病**

**症状**　此病可为害叶片、枝条、果实。叶片受害，多在叶缘产生不规则的褐色病斑，后期变为灰色，其上有小黑点排列成同心轮纹(即病原菌的分生孢子盘)。此病引起枝条回枯，果实发病后，产生黑色的凹陷病斑，成为僵果。

**病原**　半知菌类，腔孢纲，黑盘孢目，刺盘孢属的胶孢炭疽菌(*Colletotrichum gloeosporioides* Penz.)。病菌分生孢子生于分生孢子盘内，短圆柱形，无隔膜，无色透明，盘内有褐色刚毛(图 5-2)。

**(3)咖啡细菌性叶斑病**

**症状**　叶片受害出现暗绿色水渍状小斑点，扩大成不规则形的大小约 1cm 的褐色病斑，

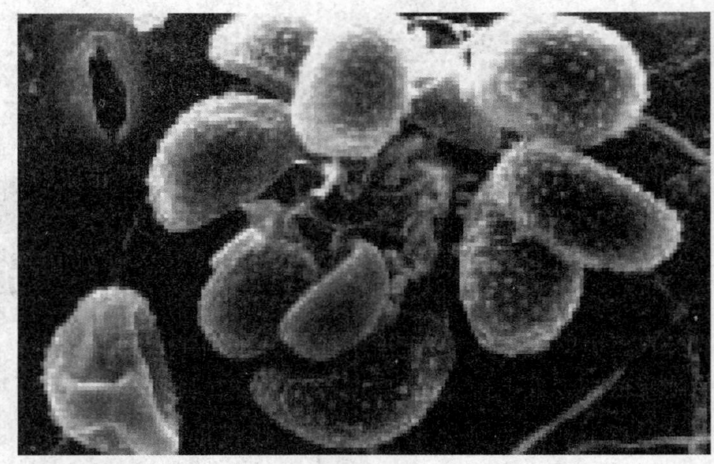

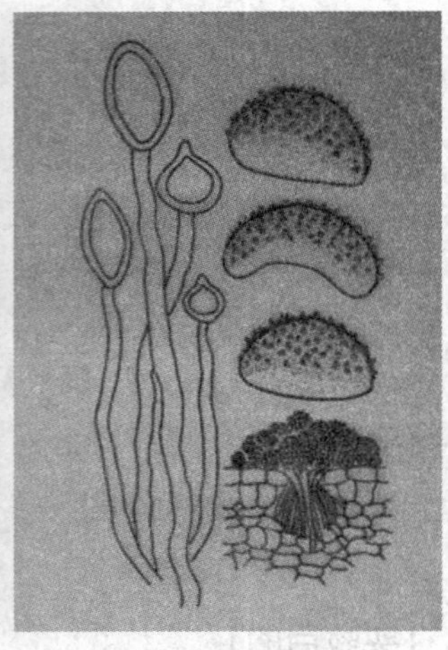

图 5-1 咖啡驼孢锈菌(*Hemileia vastatrix* Berk. et Br.)的夏孢子(江俊摄)和冬孢子(李增平绘)

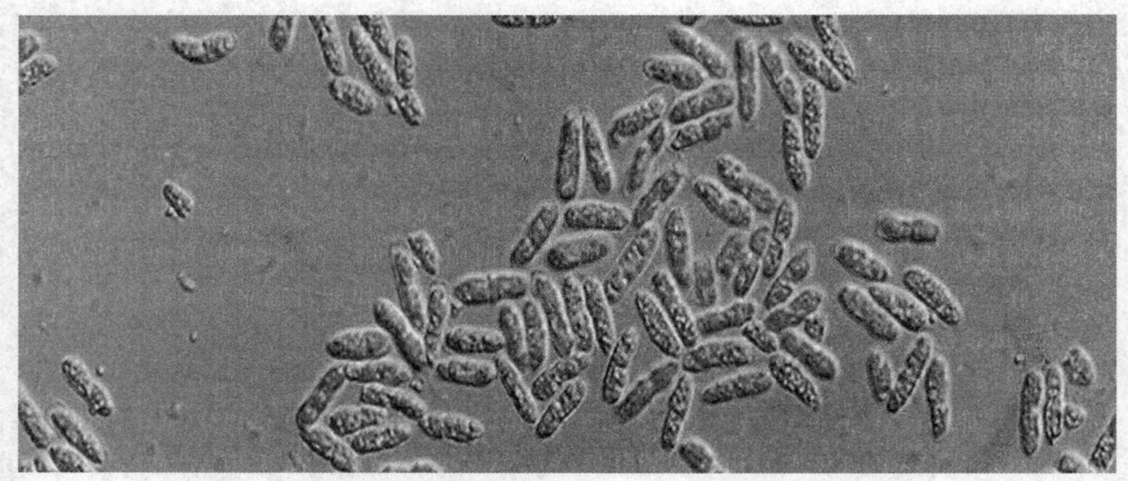

图 5-2 胶孢炭疽菌(*Colletotrichum gloeosporioides* Penz.)的分生孢子 (李增平摄)

外围有黄色晕圈。在潮湿情况下,病斑背面渗出溢脓。

**病原** 原核生物界,普罗斯特细菌门,假单胞杆菌属的丁香假单胞杆菌咖啡致病变种[*Pseudomonas syringae* pv. *garcae* (Amaral et al.) Young et al.]。菌体短杆状,革兰氏染色阴性,鞭毛1至数根极生。菌落圆形,乳白色,半透明,稍隆起,表面光滑,边缘微皱。

**(4)咖啡褐斑病**

**症状** 叶片病斑近圆形,边缘褐色,中间灰白色,苗期叶片病斑红褐色。具同心轮纹,在潮湿情况下,病斑背面长出黑色霉状物。浆果受侵染后,产生近圆形果斑,随着病斑扩大,可覆盖全果,引起浆果坏死、脱落。

**病原** 半知菌类,丝孢纲,丝孢目,尾孢属的咖啡生尾孢(*Cercospora coffeicola* Berk. et Cooke)。病菌分生孢子梗3～30根簇生,直立,大多不分枝,少数分枝,具有2～4个隔膜,

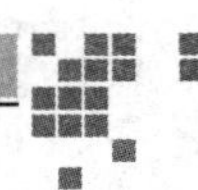

基部暗褐色，往上颜色渐变淡，顶端具有1～3次膝状弯曲，分生孢子梗大小为(20～275) μm×(4～6) μm。产孢细胞合轴生，孢痕明显加厚。分生孢子直立、鼠尾形或鞭形，无色至淡褐色，基部较粗、平截或钝圆、脐点明显加厚，往端部渐变细，有1～16个不太清晰的隔膜，分生孢子大小为(40～150) μm×(2～7) μm(图5-3)。

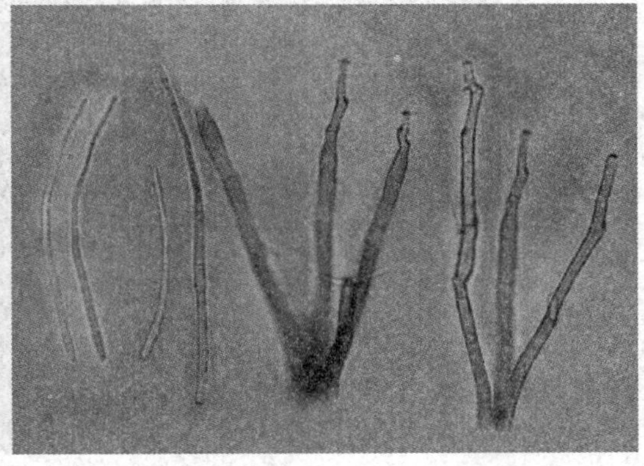

图5-3　咖啡生尾孢(*Cercospora coffeicola*)的分生孢子梗和分生孢子　(李增平摄)

**(5)咖啡美洲叶斑病**

**症状**　咖啡美洲叶斑病是中国对外检疫的植物危险病害之一，本病发生在美洲热带27个国家和地区。叶片出现细小、暗色、水渍状斑点，病斑中央有黄色晶状体。继而病斑扩展为圆形、椭圆形浅灰色病斑，其上长出许多细小的浅黄色毛状物(即病菌产生芽孢的产芽体)，潮湿时在病斑背面产生小伞形担子果。

**病原**　担子菌门，层菌纲，伞菌目，小菇属的橘色小菇[*Mycena citricolor*(Berk & Curt.)Sacc.＝黄色脐菇(*Omphaia flavida* Maubl. & Rang.)]。病菌无性阶段在叶斑上产生1至数个浅黄色半透明的发状细柄，其顶端产生卵圆形至扁平的闪光芽孢。担子果呈橘黄色，小伞形，菌盖半球形或钟状、膜质、中间稍凹陷、边缘具有7～15条辐射状条纹，直径为0.8～4.3 mm。菌褶9～22片，稀疏、黄色、蜡质，三角形。菌柄硬直、黄色、有非常细的绒毛，长6～14 mm。担子棍棒状，大小为(14～17.4) μm×5 μm。担孢子椭圆形或卵圆形，无色，非常小，(4～5) μm×(2.5～3) μm。在自然界少见(图5-4)。

**(6)咖啡褐根病**

**症状**　咖啡根部受害后，地上部分树冠稀疏、枯枝增多，叶色暗淡、发黄；严重时叶片干枯下垂、变褐脱落，最后全株死亡。病根表面粘有一层泥沙，凹凸不平、不易洗掉，根皮上有铁锈色疏松绒状菌膜和黑褐色薄而脆的革质菌膜，木质部表面和内部可见鱼网状单线褐纹，病根有蘑菇味。高温多雨季节，在死树头周围长出黑褐色担子果。

**病原**　担子菌门，层菌纲，非褶菌目，木层孔菌属的有害木层孔菌(*Phellinus noxius* G. H. Cunn.)。担子果木质，无柄，上表面黑褐色，下表面灰褐色，边缘黄褐色，檐生，厚为0.4～2.5 cm(图5-5)。担孢子宽卵圆形或近球形、单胞，平滑无色，大小为(3～46) μm×(4～6) μm。

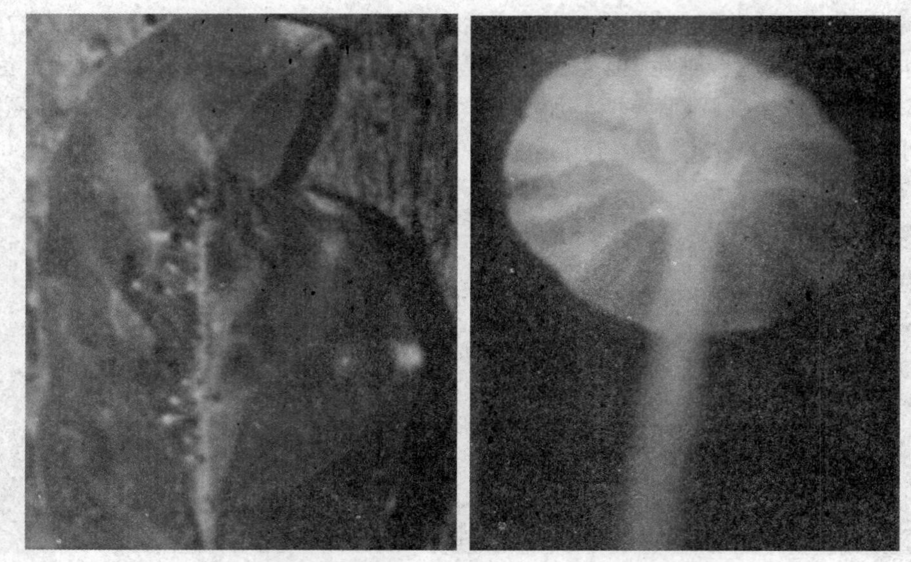

图 5-4 咖啡美洲叶斑病病菌生于病叶上的担子果及担子果放大

(引自植物检疫 1999.02)

图 5-5 咖啡褐根病病菌担子果的正面与背面 (李增平摄)

**(7)咖啡拟盘多毛孢叶斑病**

**症状** 咖啡拟盘多毛孢叶斑病在我国海南琼中、万宁均有轻微发生。主要为害成株期咖啡中下层叶片。初期在叶表面出现褐色或紫褐色斑点，扩展后病斑圆形或近圆形，黄褐色，病斑中央变干呈淡褐色或灰色，边缘为深褐色，斑面散生小黑点，为病原菌分生孢子盘和分生孢子。

**病原** 半知菌类，腔孢纲，黑盘孢目，拟盘多毛孢属的咖啡生拟盘多毛孢[*Pestalotiopsis coffeae* (Zimm) Y. X. Chen comb. nov. =*Pestalotia coffeicola* Zimm, Med. Uits.]。病菌在 PDA 培养基上，菌落圆形，正面白色、绒毛状、具轮纹、边缘整齐。分生孢子堆黑色、粒状，散生表面或埋生菌丝层内。分生孢子盘黑色，在病斑上散生，初埋生，后突破表皮外露。分生孢子 5 个细胞，椭圆形，直或弯曲，大小为(14.9～23.1) μm×(6.3～6.9) μm，中间 3 个

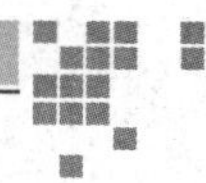

细胞不同色，长为10.4～22.3 μm，分隔处不缢缩。两端各有1个无色透明细胞，顶细胞钝圆、顶生2～3根顶毛，基细胞狭长锥形，其上中生1根尾毛(图5-6)。

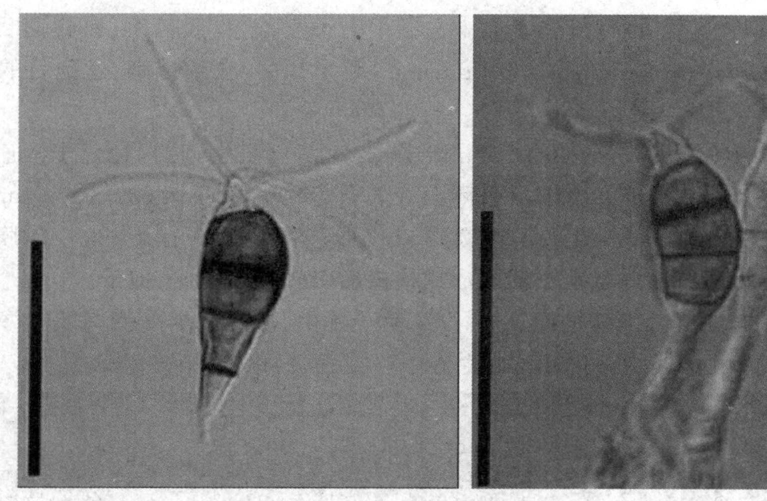

**图5-6 咖啡生拟盘多毛孢(*Pestalotiopsis coffeae*)的分生孢子**(引自Song，2013)

**(8)咖啡线疫病**

**症状** 主要为害植株低层叶片和枝杆。在受害叶片叶背面可见一层灰白色蜘蛛网状的菌索，后期菌索变黑，病叶先变黄，后变黑干枯、脱落，有的落叶被菌索悬挂在枝条上。当菌索蔓延至枝条上后，病枝上也布满白色菌丝体。

**病原** 担子菌门，层菌纲，非褶菌目，伏革菌属的科尔罗格伏革菌[*Corticium koleroga* (Cooke) Höhn.]。菌丝有分隔，初为白色网状，边缘羽毛状。担子果平伏，薄膜状。担子椭圆形，在菌丝层的表面形成一层微黏的光滑平面(图5-7)。担孢子单胞、卵圆形，大小为(9～12) μm×(6～17) μm。

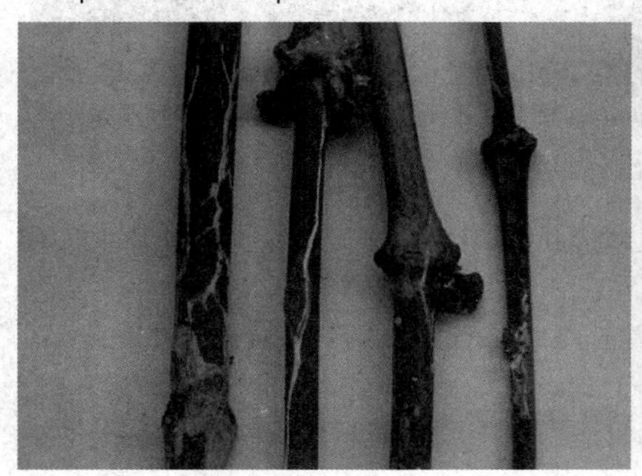

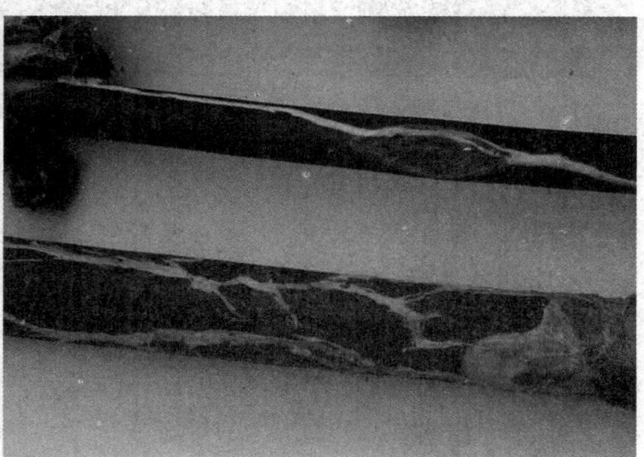

**图5-7 咖啡线疫病病菌在发病枝条上生长的白色菌索** (李增平摄)

**(9)咖啡煤烟病**

**症状** 多在叶片中下部先表现症状，在受害叶片上覆盖一层黑色煤烟状物(分生孢子器和分生孢子)，后期在叶片上散生黑色小粒点(子囊座)，易被水冲刷掉。在病部常会见到咖啡绿蚧、蚜虫等。

**病原** 引起咖啡煤烟病的病菌有多种。常见种为子囊菌门，腔菌纲，座囊菌目，煤炱属的巴西煤炱菌(*Capnodium brasiliense* Pulldmans.)和半知菌类、丝孢纲、丝孢目的 *Tetraposporium* sp.。

巴西煤炱菌(*Capnodium brasiliense* Pulldmans.)：菌丝表生，暗褐色。子囊座圆柱形，可分枝，顶端膨大成头状；子囊束生于黑色闭囊壳基部，棒形，大小为(30～45) μm×(10～26) μm，含 4～8 个子囊孢子；子囊孢子椭圆形或梭形，暗褐色，具有 2～4 个隔膜，大小为(10～15) μm×(4～6) μm。分生孢子器瓶形或棍棒形，其内产生分生孢子。

*Tetraposporium* sp.：分生孢子梗较短，分生孢子单生，淡褐色至褐色，多呈 4 叉状分枝，每个分枝具有多个分隔，分隔处稍缢缩，分生孢子顶端色淡，稍钝(图 5-8)。

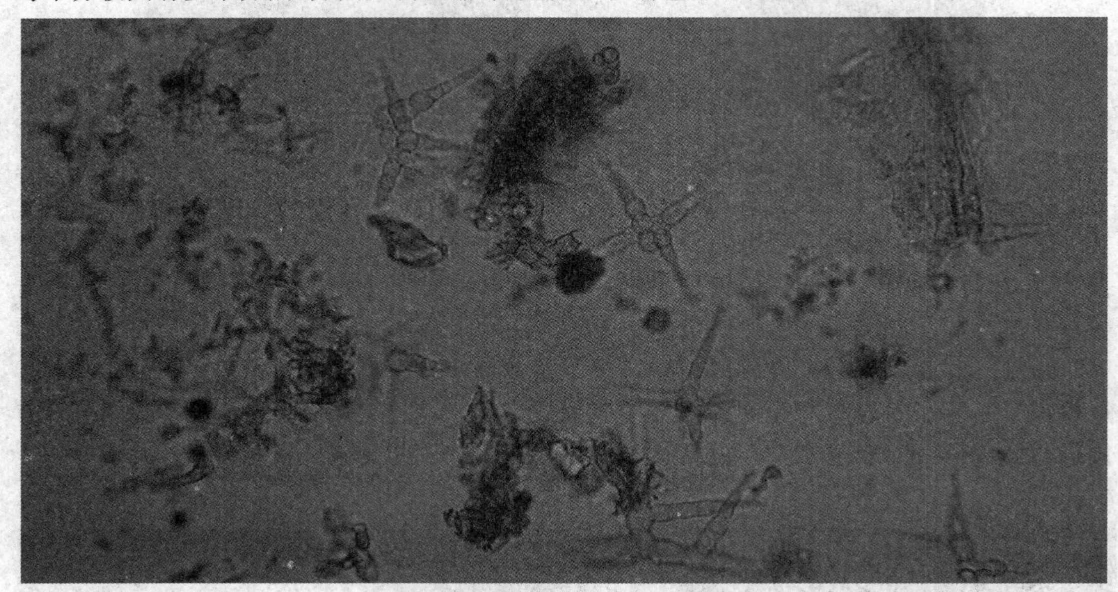

**图 5-8 *Tetraposporium* sp. 的分生孢子** (李增平摄)

**(10)咖啡桑寄生害**

**症状** 咖啡的茎干或枝条上被寄生的部位畸形肿大，受害茎干及枝条上的叶片生长衰弱、叶片枯黄脱落，枝条干枯。

**病原** 被子植物门，桑寄生科，钝果寄生属的广寄生(*Taxillus chinensis* =*Loranthus gebosus*)(图 5-9)。

**2. 可可病害**

**(1)可可黑果病**

**症状** 主要为害荚果，也为害叶片、枝条和茎干。各龄荚果均可发病。发病初期荚果表面呈现暗褐色水渍状斑点，继而扩大为近圆形或不规则形斑块，数个斑块汇合后，病斑中央呈暗褐色、边缘水渍状，高湿条件下病斑表面长出白色至乳白色的霉状物(病菌的菌丝体、孢

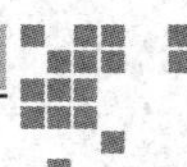

图 5-9 咖啡上寄生的广寄生(*Taxillus chinensis*) (李增平摄)

囊梗和孢子囊)。

**病原** 藻物界,卵菌门,卵菌纲,霜霉目,疫霉属的多种疫霉菌(*Phytophthora* spp.)。已报道的有 7 种:棕榈疫霉(*Phytophthora palmivora* Butler)、大核疫霉(*P. megakarya*)、辣椒疫霉(*P. capsici* Leon.)、柑橘褐腐疫霉(*P. citrophthora*)、大雄疫霉(*P. megasperma* Derchsl.)、桂氏疫霉(*P. katsurae* Ko & Chang)和烟草疫霉(*P. nicotianae*),其中以棕榈疫霉分布最广。

**(2)可可炭疽病**

**症状** 此病可为害可可的叶片、嫩枝和果实。叶片发病:初期呈现水渍状病斑,扩展后形成不规则病斑,继而造成叶穿孔或叶枯症状,严重时引起落叶。嫩枝染病:病斑呈水渍状,后期导致枝条回枯。果实染病:幼果受害,初期呈现褐色圆形小点,病斑边缘具有黄色晕圈,病斑扩展后变黑色,中央凹陷,病斑下面的组织变褐,最后全果变黑腐烂;成熟果受害,仅在果荚表面产生黑褐色凹陷病斑,病斑扩展后形成不规则形大斑,后期病斑表面产生橙黄色的孢子堆(病菌的分生孢子盘和分生孢子)。

**病原** 无性阶段为半知菌类,腔孢纲,黑盘孢目,刺盘孢属的胶孢炭疽菌[*Colletotrichum gloeosporioides* (Penz.)Sacc],有性阶段为子囊菌门,核菌纲,球壳目,小丛壳属的围小丛壳菌[*Glomerella cingulata* (Stonem.) Spauld et Schrenk.]。

**(3)可可灰色果腐病**

**症状** 幼果最容易受害,受害荚果上初期呈现浅褐色小斑点,病斑扩大后变褐色,周围具有黄晕圈,数个病斑融成大病斑或扩展至整个果荚后,造成荚果坏死。潮湿条件下病斑表面生出一层奶油色或灰色的粉状物(病菌的菌丝体、分生孢子梗和分生孢子),粉状物后期变为黄褐色或褐色。

**病原** 半知菌类,丝孢纲,丝孢目的可可链疫孢菌[*Moniliophthora roreri* (Ciferri et Parodi) Evans = *Monilia roreri* Cif. et Par.,可可丛梗孢]。

病菌在 $V_8$ 培养基上,菌落初期呈白色,逐渐变为淡黄色,最后变为黑褐色,并伴随产生大量分生孢子。菌丝体具有分枝、有隔膜、无色、匍匐生长。分生孢子梗直立、具有分枝、芽生式产生链状排列的分生孢子生;分生孢子壁厚,浅黄色,大多呈圆形,直径为 5~10 μm,少数呈椭圆形，大小为(6～11) μm×(8～19) μm(图 5-10)。

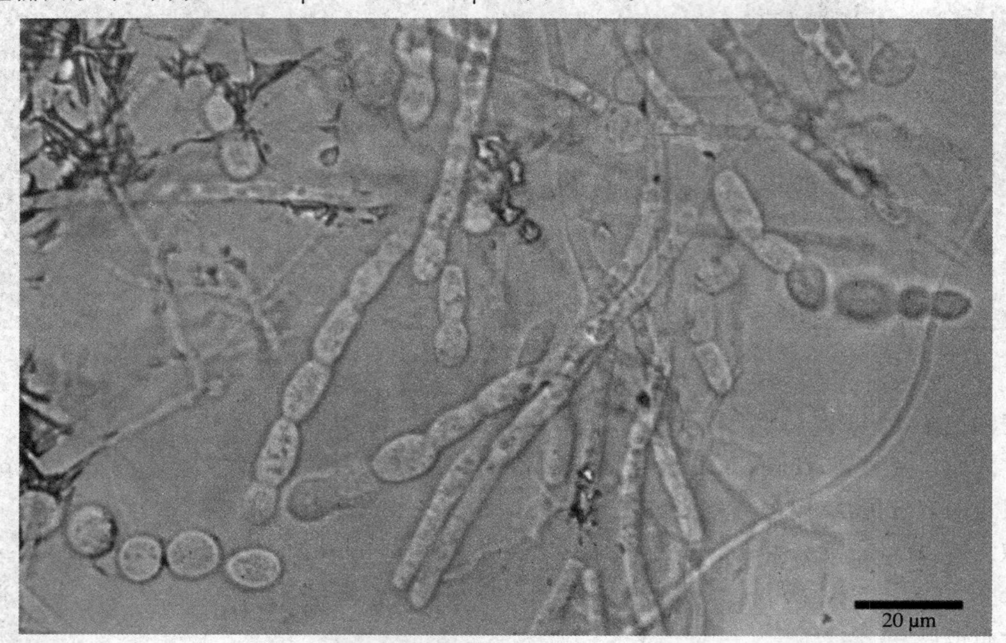


**图 5-10　可可链疫孢菌(*Moniliophthora roreri*)的分生孢子**

(引自 H. C. Evans，1978)

**(4)可可维管条纹枯萎病**

**症状**　病害通常发生在成龄树的第一枝条或幼树的主枝上，从顶端倒数第二至第三片幼叶先表现褪绿，个别病株在离顶端 1m 处的叶片出现褪绿，形成直径为 2～5 mm 的“绿岛”斑，继而幼苗顶叶褪绿。有些品种从叶尖或叶缘开始向下向内扩展形成倒“V”形的褐色大斑，几天后病叶干枯脱落，病叶脱落后可见病枝叶痕处有暗褐色斑点；病叶落光后形成秃枝，秃枝上的皮孔明显变大，病皮粗糙；纵剖病茎可见维管组织呈现褐色条纹。

**病原**　有性阶段为担子菌门，角担子菌属的可可角担子菌(*Ceratobasidium theobromae* comb. nov. =*Oncobasidium theobromae* Tabot & Keane，可可瘤肿担子菌)。

**(5)可可丛枝病**

**症状**　以花穗和枝条发病症状最为明显。发病花穗呈簇状丛生，花梗变粗，部分花瓣变褐枯萎，但不脱落。树冠顶端的枝梢发病后，新抽出的营养枝呈扫帚状，徒长，逐渐变褐、回枯，后期在枯死的枝条上长出灰白色伞形小蘑菇(病菌的担子果)。病株很难结果，即使结果，幼果也很难膨大，成熟果实内部常变褐。

**病原**　担子菌门，层菌纲，伞菌目，毛皮伞属的可可丛枝毛皮伞菌(*Crinipellis perniciosa* (Stahel) Singer=*Marasmius perniciosus* Stahel.)。

病菌担子果菌盖直径为 0.5～3.0 cm，白色，中央粉红色至淡紫红色；菌柄长 1～3 cm，白色。担孢子是该菌唯一具有侵染性的繁殖体，产生于菌褶上，担孢子无色，大小为 12 μm×6.0 μm(图 5-11)。

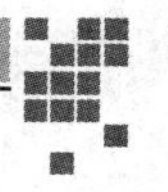

**图 5-11 可可丛枝毛皮伞菌(*Crinipellis perniciosa*)的担子果**

(引自 http://www.dropdata.org/cocoa/cocoa_prob.htm)

**(6)可可肿枝病**

**症状** 随病毒的株系、病树的品种及树龄、栽培环境等不同而呈现不同的症状。可可病株茎干和枝条上部分组织的次生韧皮部和木质部增生,枝条肿大呈纺锤形,但木质部不发生坏死;嫩叶呈现沿脉变红色的条斑或黄色条斑,老病叶叶肉褪绿,呈斑驳状并扭曲。有的病株枝条不肿大,只在幼叶上呈现红色脉带,后转为明脉;有的病株根系受害后,根尖肿大,有时侧根坏死。病株上未成熟的荚果果面呈现墨绿色或浅绿色斑驳,成熟的病荚果呈球形,变小,果面呈现深红色大理石纹,且豆粒扁平、少,仅为健康豆粒的一半大小。

**病原** 花椰菜花叶病毒科,杆状 DNA 病毒属的可可肿枝病毒(*Cocoa swollen shoot virus*,CSSV)。病毒粒子仅分布于可可树韧皮部伴胞细胞及少数木质部薄壁细胞的细胞质中。病毒粒子杆菌状,两端钝圆,大小为(121～130) nm×28 nm。病毒基因组为开环状 dsDNA(图 5-12)。

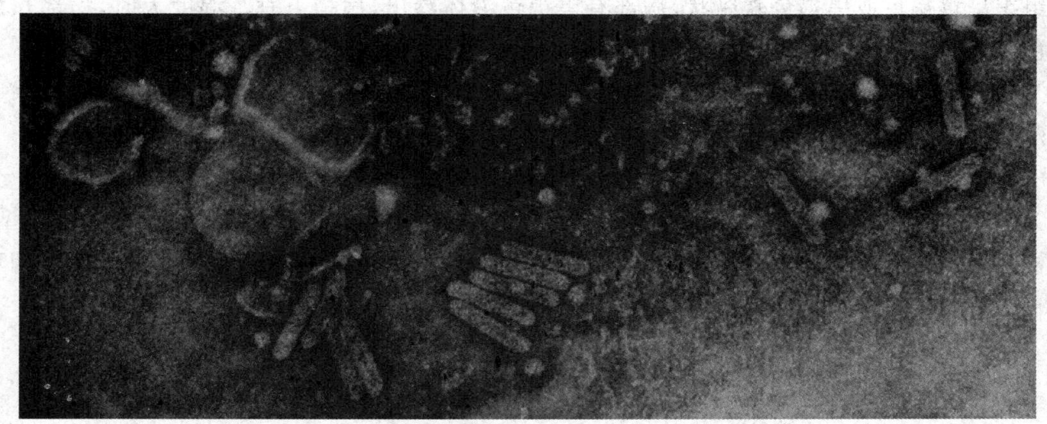

**图 5-12 可可肿枝病毒(*Cocoa swollen shoot virus*)的粒子**

(引自 John Antoniw)

**3. 香草兰病害**

**(1)香草兰根腐病**

**症状** 香草兰的气生根和地下根最易受侵染。病株根尖变黑或呈暗褐色，随后向基部和茎节扩展，导致根皮腐烂。病节上呈现暗绿色不规则形的水渍状斑，扩展后绕茎一圈造成相邻节间的上下茎干组织变黄，继而腐烂干缩。维管组织变色。在潮湿条件下病部呈现暗红色粉状物。

**病原** 半知菌类，丝孢纲，瘤座孢目，镰刀菌属的3种镰刀菌(*Fusarium* spp.)。分别为尖镰孢菌香草兰专化型[*F. oxysporum* f. sp. *vanillae*(Tucker)Gordon＝*F. batatatis* Wr. var. *vanillae* Tuck]、茄腐皮镰孢菌[*F. solani*(Mart.)App et Wollenw]和甘薯镰孢霉香草兰变种(*F. batatis* var. *vanillae* Tuker)。

**(2)香草兰细菌性软腐病**

**症状** 叶片受害，初期呈水渍状病斑，扩展后病斑上的叶肉组织因薄壁细胞浸离降解而呈黄褐色软腐，病斑边缘呈现褐色线纹，潮湿条件下病部溢出乳白色菌脓。茎蔓如果受伤，也可以被侵染，产生褐色水渍状病斑。

**病原** 原核生物界，普罗斯特细菌门，果胶杆菌属的胡萝卜果胶杆菌胡萝卜致病变种[*Pectobacterium carotovora* pv. *carotovora* Dye＝ *Erwinia carotovora* pv. *carotovora* (Jones) Bergey]。病菌革兰氏染色阴性，短杆状，两端钝圆，大小为0.5 μm×(0.9～2.0) μm，多为单个，少数成双或3～5个菌体组成短链，不产生芽孢和荚膜，鞭毛4～6根周生。在营养琼脂(NA)平板上培养48 h，菌落呈圆形，直径为1.0～2.0 μm，略平坦，表面光滑，边缘微皱，乳白色半透明。

**(3)香草兰疫病**

**症状** 以嫩梢、嫩叶、幼果荚和距地40cm内的茎、梢、花序和果荚易染病。

嫩梢染病：发病初期在嫩梢顶端呈现水渍状病斑，病斑逐渐扩展至下面第二至第三节，病组织呈黄褐色或黑褐色软腐状，病部有黑褐色液体渗出，病梢下垂。湿度大时，病部长出白色棉絮状物。

花和果荚染病：初期病斑呈黑褐色，随着病情扩展，病部组织腐烂，后期染病叶片、果荚脱落、茎蔓枯死，造成严重减产。

**病原** 藻物界，卵菌门，卵菌纲，霜霉目，疫霉属的4种疫霉(*Phytophthora* spp.)。分别为烟草疫霉(*P. nicotianae* van Breda de Haan.，异名寄生疫霉 *P. parasitica*)A2交配型、柑橘褐腐疫霉(*P. citrophthora*)、冬生疫霉(*P. hibernalis*)和辣椒疫霉(*P. capsici*)。烟草疫霉为海南优势种，柑橘褐腐疫霉为云南优势种。

**(4)香草兰炭疽病**

**症状** 主要为害香草兰的叶片、茎蔓和荚果。

植株近地面老叶先发病。多从叶尖或叶缘开始，发病初期病斑呈暗褐色或棕褐色水渍状斑点，继而发展成半圆形或不规则形下陷大斑，边缘不明显，遇高温高湿条件时，病部渗出粉红色黏液状物(病菌分生孢子团)。当病斑干缩时，中央变为灰褐色或灰白色呈薄膜状，具

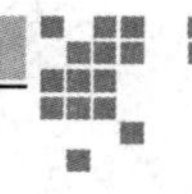

有隐约轮纹，边缘出现深褐色环带，病斑上散生许多黑色小粒点（病菌分生孢子盘）。

**病原** 半知菌类，腔孢纲，黑盘孢目，刺盘孢属的 3 种刺盘孢菌（*Colletotrichum* spp.）。我国报道的有兰科刺盘孢菌（*C. orchidearum* Allesch），主要分布在福建；胶孢炭疽菌[*C. gloeosporioides*（Penz.）Sacc.]，主要分布在海南；国外报道的是香草兰刺盘孢菌（*C. vanillae* Scalia）。

兰科刺盘孢菌（*Colletotrichum orchidearum* Allesch）：病菌分生孢子盘近圆形，深褐色，直径为 82～342 μm。刚毛束生，有分隔，深褐色，大小为（60～133）μm×（3.5～4.5）μm。分生孢子堆粉红色。分生孢子多呈圆柱形，稍弯曲，少数棒状，无色，大小为（12.5～20.0）μm×（3.5～5.0）μm。

**(5)香草兰白绢病**

**症状** 一般从根部先侵入，逐渐向蔓、叶和荚果蔓延。病部初呈水渍状、淡褐色、软腐，后逐渐变为深褐色并腐烂。土壤湿度大时，病部和周围土表可见白色绢丝状菌丝体，呈辐射状，后期菌丝集结形成大量菌核。菌核球形、扁球形或不规则形，初为白色，渐变为黄色、黄褐色至黑褐色。重病株后期逐渐萎蔫，并枯死。

**病原** 半知菌类，丝孢纲，无孢目，小核菌属的齐整小核菌（*Sclerotium rolfsii* Sacc.）。病菌在 PDA 培养基上的菌落呈圆形、白色，培养 4 天后，菌落上开始形成白色、黄色至黄褐色、黑褐色的球形、扁球形或不规则形菌核，直径为 1.0～2.0mm。病菌除侵染香草兰外，人工接种还可侵染黄瓜、豇豆、茄子、番茄和辣椒。

**(6)香草兰病毒病**

**症状** 发病植株整株严重矮化，茎蔓明显扭曲，新生叶片皱缩、下卷，叶色为深绿和浅绿相间的花叶症状，严重时叶片叶肉生长受阻仅存中脉，呈蕨叶状。病果变小、产量下降。

**病原** 已报道的侵染香草兰的病毒有 2 种，分别为马铃薯 X 病毒属（*Potexvirus*）的建兰花叶病毒（*Cymbidium mosaic virus*，CyMV）和烟草花叶病毒属（*Tobamovirus*）的齿兰环斑病毒（*Odontoglossum ring spot virus*，ORSV），在海南为害香草兰的主要病毒是 CyMV。

建兰花叶病毒（*Cymbidium mosaic virus*，CyMV）：病毒粒子线状，大小约为 475 nm×13 nm，+ssRNA 病毒。该病毒可侵染兰科及其他科 20 多种植物。

齿兰环斑病毒（*Odontoglossum ring spot virus*，ORSV）：病毒粒子直杆状、无包被，大小约为 300 nm×18 nm，+ssRNA 病毒，大小为 6 611 bp。ORSV 稀释限点为 $5\times10^{-5}$，致死温度为 92～94℃，体外存活期超过 3 个月。

**4. 香茅病害**

**(1)香茅锈病**

**症状** 主要为害叶片。初期在叶正面产生褪绿小斑点，在叶背面产生与叶脉平行的短条状或椭圆形锈褐色微隆起的疱斑，周围有黄色晕圈，后期疱斑破裂，散出锈褐色的粉末，即夏孢子堆。冬季在夏孢子堆周围产生黑色粉末，即冬孢子堆。严重时，叶片自叶尖向下变褐干枯。

**病原** 担子菌门，冬孢纲，锈菌目，柄锈菌属的 2 种柄锈菌（*Puccinia* spp.）。分别为中锦柄锈菌（*P. nakanishikii* Dietel）和紫柄锈菌（*P. purpurea* Cooke）。在海南引起香茅锈病的病原菌主要是前者，后者仅分布在国外。

中锦柄锈菌（*Puccinia nakanishikii* Dietel）：病菌夏孢子堆主要生于叶背，条状排列；夏孢子卵圆形或椭圆形，黄褐色，单胞，大小为（29.7～42.9）μm×（23.1～29.6）μm，平均36.3 μm×27.3 μm。冬孢子堆主要生于叶背面，条状排列，黑褐色；冬孢子卵圆形，栗褐色，光滑，大小为（32～40）μm×（21～28）μm，顶端圆，基部圆或渐狭，隔膜处不缢缩或稍缢缩；柄黄褐色，较短，不脱落。

紫柄锈菌（*Puccinia purpurea* Cooke）：夏孢子堆主要生于叶背，栗褐色，破裂后散出红褐色粉末；夏孢子近球形或洋梨形，黄褐色至暗栗色，大小为（24～44）μm×（20～29）μm，具有瘤状细刺，具有5～8个芽孔。冬孢子堆生于叶背，椭圆形或长椭圆形，长1～3 mm，暗棕褐色。冬孢子长椭圆形，双胞，栗褐色，大小为（35～62）μm×（24～40）μm，顶端圆形，分隔处稍缢缩，柄与孢身等长或更长、无色或略带黄色、不脱落（图5-13）。

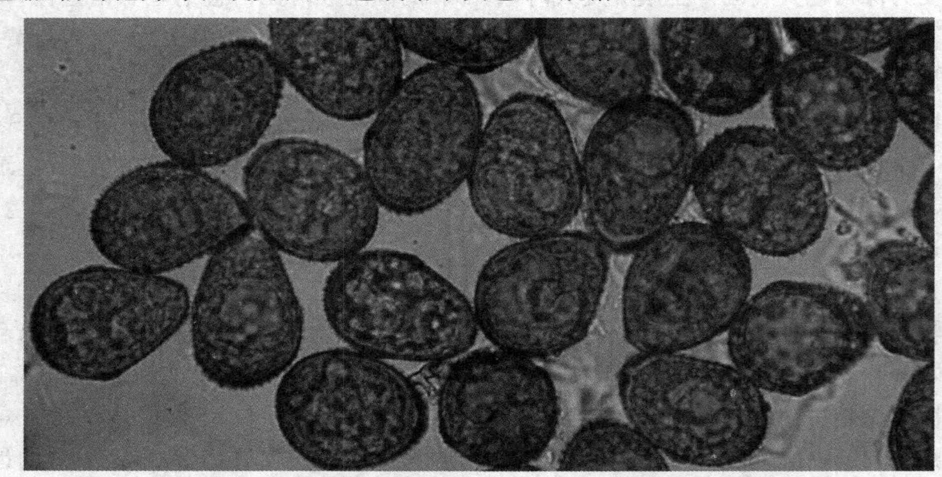

**图5-13　中锦柄锈菌（*Puccinia nakanishikii* Dietel）的夏孢子**　（李增平摄）

**（2）香茅纹枯病**

**症状**　主要为害香茅的叶片和茎干，发病初期叶片上沿叶脉呈现长条形或椭圆形水渍状病斑，继而扩展为不规则形或波浪形褐色病斑；湿度大时在病部可见大量白色蛛丝状菌丝，病叶相互粘连湿腐，空气干燥时病叶迅速萎蔫干枯；发病后期在坏死病斑上产生大小为（0.9～2.0）mm×（1.0～3.0）mm的鼠粪形、米粒形和不规则形的灰白色和褐色菌核。

**病原**　半知菌类，丝孢纲，无孢目，丝核菌属的立枯丝核菌（*Rhizoctonia solani* Kühn）。病菌菌丝体初期无色、棉絮状或者蜘蛛丝状，后变为黄色、黄棕色或黄褐色，老熟菌丝有明显分隔，直径为7.25～57.5 μm，菌丝多呈直角分枝，分枝基部明显缢缩。菌核椭圆形、鼠粪形或米粒形，初期白色，老熟菌核呈黑褐色，直径为0.63～0.88 mm（图5-14）。

**（3）香茅叶枯病**

**症状**　香茅老叶较嫩叶更易染病，多从叶尖、叶缘开始发病。发病初期，叶片出现紫红色小圆斑，几天后扩展成1～3cm长的梭形淡褐色病斑，其上夹杂着许多紫红色小点，逐渐中

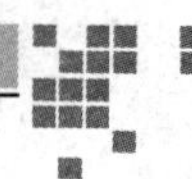

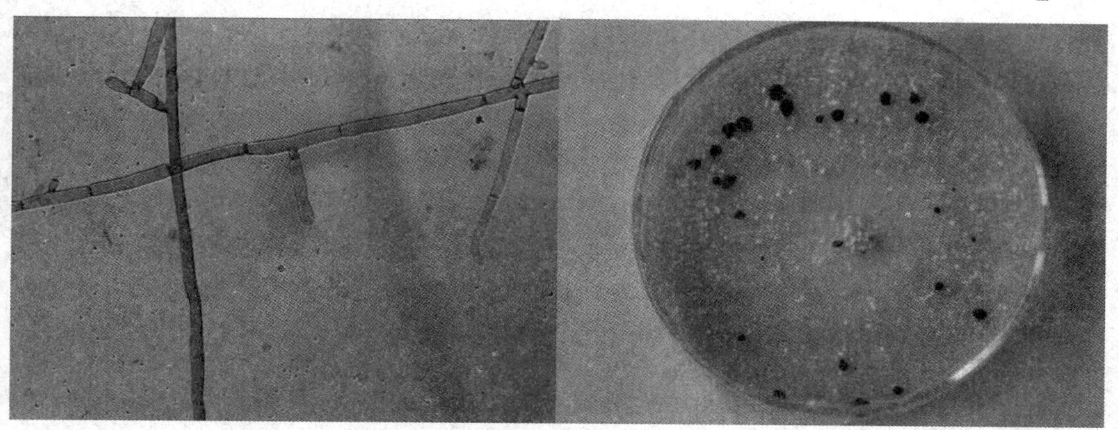

图 5-14　香茅纹枯病病原菌的菌丝及其在培养基上产生的菌核　（李增平摄）

央变褐枯死，边缘褪绿出现明显黄晕。条件适宜时，病斑迅速向叶尖和叶基部扩展，数个病斑汇合成大斑，致使叶片大部分变褐枯死。在潮湿情况下，枯斑表面长出大量黑色霉状物（病菌的分生孢子梗和分生孢子）。

**病原**　半知菌类，丝孢纲，丝孢目，弯孢属的须芒草弯孢［*Curvularia andropogonis*（Zimm.）Boed.］。病菌分生孢子梗直接穿透寄主表皮细胞伸出，丛生，褐色，多分隔，不分枝，基部直或稍弯，顶端屈膝状弯曲，长 200～300 μm，芽生式产孢，合轴式延伸。分生孢子在分生孢子梗两侧互生或对生，有时数个分生孢子同时着生在分生孢子梗的顶端。分生孢子田螺形或不对称弓形，大小为（32～38）μm×（16～19）μm，平均 35.0 μm×17.5 μm，具有 3 个隔膜，两端细胞淡褐色，中间细胞褐色，末端第二个细胞明显膨大，不对称（图 5-15）。

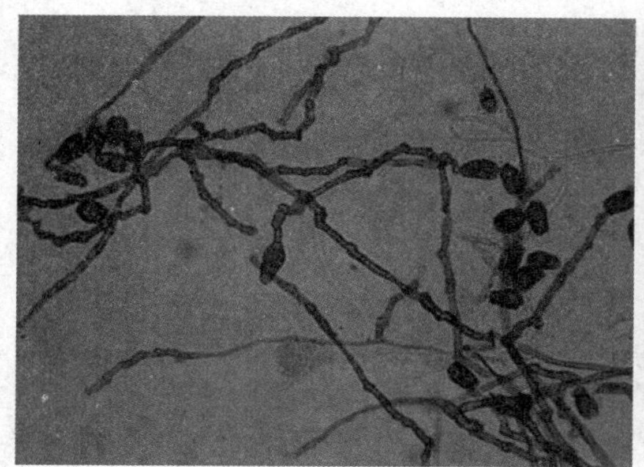

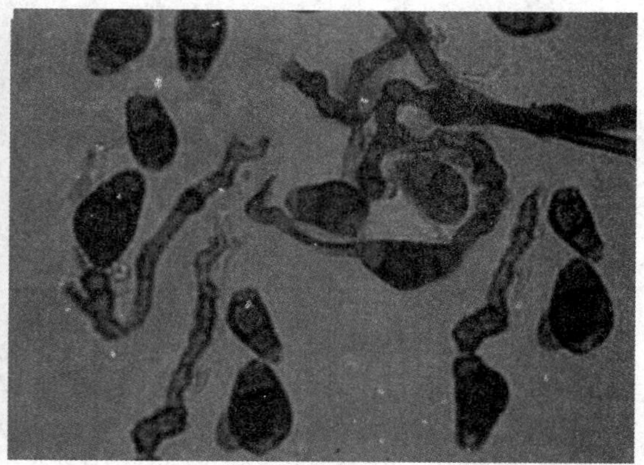

图 5-15　须芒草弯孢（*C. andropogonis*）的分生孢子梗和分生孢子　（李增平摄）

**（4）香茅褐斑病**

**症状**　香茅褐斑病是近年来在海南为害香茅较严重的病害之一，主要为害叶片。先从下部叶片开始，初期在叶表面形成椭圆形至矩圆形、浅褐色病斑，边缘不明显，后期病斑变为暗褐色。湿度大时，病斑背面生灰色霉层。

**病原**　半知菌类，丝孢纲，丝孢目，尾孢属的玉蜀黍尾孢菌（*Cercospora zeae-maydis*

Tehon & Daniels)。病菌分生孢子梗单生或3～10根丛生，有1～4个隔膜，暗褐色，顶部屈膝状，大小为(50～140) μm×(4～6.5) μm，无分枝，具有明显孢痕；分生孢子鼠尾状、正直或弯曲、无色、有1～8个隔膜，基部倒圆锥形，脐点明显，大小为(30～135) μm×(3～9) μm。

**(5)香茅花叶病**

**症状** 嫩叶最易染病，初期叶色呈淡绿色，逐渐变为浓绿、淡绿不均匀相间的花叶，其中夹杂有断断续续与叶脉平行的褪绿短条纹。但老叶色泽较绿、花叶症状不甚明显。

**病原** 马铃薯Y病毒科，马铃薯Y病毒属(*Potyvirus*)，甘蔗花叶病毒(*Sugarcane mosaic virus*，SCMV)的一个株系。病毒粒子线状，大小为9.7 nm×(750～800) nm，+ssRNA病毒。在受侵染的叶肉细胞的细胞质中可以观察到病毒粒子、风轮状或片状聚集的内含体。病毒钝化温度为55℃，稀释限点为100～10 000倍，体外存活期为1天。接种广西小叶高粱除表现系统花叶外，还会出现紫红色条斑，可作为鉴别寄主。

【实验学时】

3学时。

【作业与思考题】

1. 描述咖啡锈病症状及病原菌的形态，并绘制病菌夏孢子简图。
2. 咖啡锈病发生流行的条件有哪些？
3. 绘制咖啡褐斑病、香茅锈病、香茅叶枯病病原菌简图。
4. 如何诊断可可黑果病？
5. 分别简述可可肿枝病、可可丛枝病的症状特征及病原形态。
6. 如何区分香草兰细菌性软腐病、香草兰根腐病和香草兰疫病？

# 实验六
# 椰子、油棕常见病害识别

【实验目的】

通过识别椰子、油棕常见病害的症状特征及病原，掌握其典型症状和病原种类，为田间诊断识别和病害防治打基础。

【材料和用具】

椰子灰斑病、芽腐病、泻血病、红环腐病、油棕茎基腐病、果腐病等病害的挂图及照片、腊叶标本、液浸标本、新鲜病害标本及病原物玻片标本。

载玻片、盖玻片、挑针、镊子、剪刀、酒精灯、蒸馏水、小透明胶、小木块、放大镜、铅笔、生物显微镜、电视显微镜、投影机等。

【内容及步骤】

**1. 椰子病害**

**(1)椰子芽腐病**

**症状** 病树树冠中央未展开的嫩叶先枯萎，呈淡灰褐色下垂，最后从基部倾折。嫩芽组织变灰白色湿腐，发出臭味，周围未被侵染的叶子仍保持绿色达数月之久，最后整个树冠死亡，成为1根光杆树。在潮湿条件下，病组织长出白色霉状物。

**病原** 卵菌门，卵菌纲，霜霉目，疫霉属的棕榈疫霉(*Phytophthora palmivora* Butler)。

**(2)椰子灰斑病**

**症状** 本病主要为害小苗和幼龄椰子树叶片，在叶上呈现褐色至灰白色椭圆形病斑，其上产生黑色小点，可引致叶片变色、枯萎，最后脱落。严重时可造成整株枯死。

**病原** 半知菌类，腔孢纲，黑盘孢目，拟盘多毛孢属的掌状拟盘多毛孢[*Pestalotiopsis palmarum* (Cooke) Stey. = *Pestalotia palmarum* Cooke]。其有性态为子囊菌棕榈亚隔孢壳菌(*Didymella cocoina*]。病菌分生孢子梗无色，有分隔。分生孢子椭圆形至棒形，有4个分隔，5个细胞，中间3个细胞褐色，两端细胞无色，顶端细胞有2～4根无色刺毛，长20～25 μm，基部细胞有小柄，大小为(25～35) μm×(7～10) μm(图6-1)。

**(3)椰子致死黄化病**

**症状** 椰子致死黄化病是中国对外检疫植物危险病害之一。病株椰子果实在未成熟时脱落，花序顶部变黑坏死，随后下层叶片变黄，整个花序变黑坏死。当较嫩的叶片变黄时，较

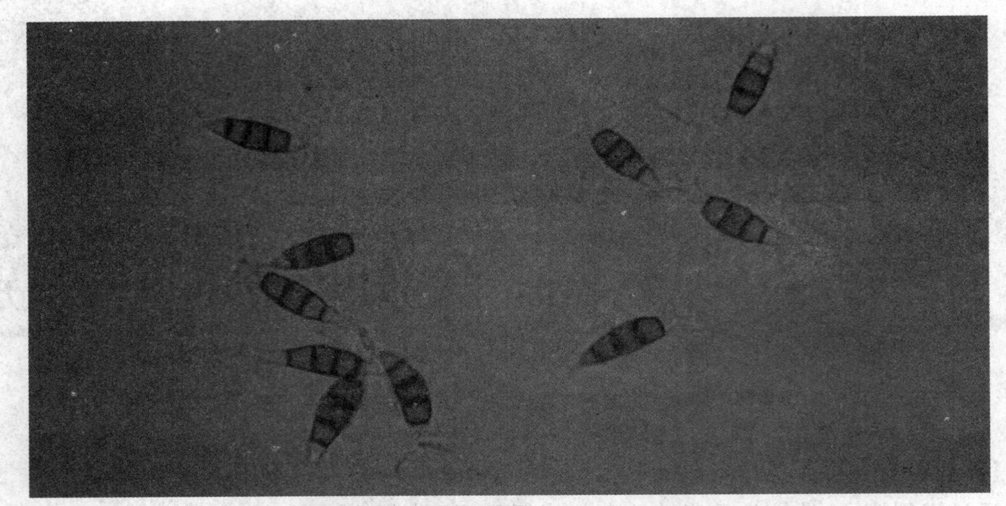

**图 6-1　掌状拟盘多毛孢(*Pestalotiopsis palmarum*)的分生孢子**

(李增平摄)

老叶片已变褐死亡,并下垂紧贴于树干,最后顶芽坏死,全部叶片脱落,只剩下光秃秃的树干。

**病原**　该病的病原为原核生物界,厚壁菌门,植原体属的椰子致死黄化植原体(*Phytoplasma* sp. =MLO)。菌体形态多变,呈丝状、念珠状、圆筒状、球状和近球形等,直径为0.4～2 μm,主要在椰子新近成熟的韧皮部筛管及周围细胞寄生。该病原物除侵染椰子外还侵染多种棕榈科植物,如油棕、山棕、枣椰子等。棕榈光菱蜡蝉(*Myndus crudus* van Duze)为传播媒介。

**(4)椰子泻血病**

**症状**　病树茎干上出现纵向裂缝,并渗出红褐色或铁锈色液体,渗出的液体干燥后变为黑色。茎部组织腐烂呈黄色或黑色。发病严重时树冠叶片失绿发黄,树冠缩小,病叶自下而上相继枯死。

**病原**　病原菌有性阶段为子囊菌门,核菌纲,球壳目,长喙壳属的奇异长喙壳[*Ceratocystis paradoxa*(Dade)Mor.],其无性阶段为半知菌类、丝孢纲、丝孢目、根串珠霉属的奇异根串珠霉[*Thielaviopsis paradoxa*(de Seyn)Hohn.]。病菌子囊壳基部膨大成球形,有长的颈,顶端常裂成须状,壳壁暗色,大小为(1 000～1 500) μm×(20～350) μm。子囊棍棒状,大小为25 μm×10 μm,子囊壁在子囊孢子发育时消解。子囊孢子无色,椭圆形,大小为(7～10) μm×(2.5～4) μm。无性态有两种分生孢子,大分生孢子呈黑褐色,椭圆形、球形或卵圆形;分生孢子梗大小为(20～80) μm×4 μm,有1～3个隔膜。小分生孢子长方形,无色,0～3个隔膜(图 6-2)。

**(5)椰子红环腐病**

**症状**　椰子红环腐病是中国对外检疫植物危险病害之一。3～10年生椰子树最易感病。老叶首先变黄,先从小叶叶尖开始并向中肋扩展,随后小叶和叶柄均变黄和变褐色枯萎。病死树干横截,在茎内表皮下面2～3 cm处呈现1条宽3～4 cm的橙红色环腐带。

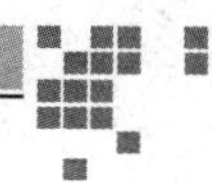

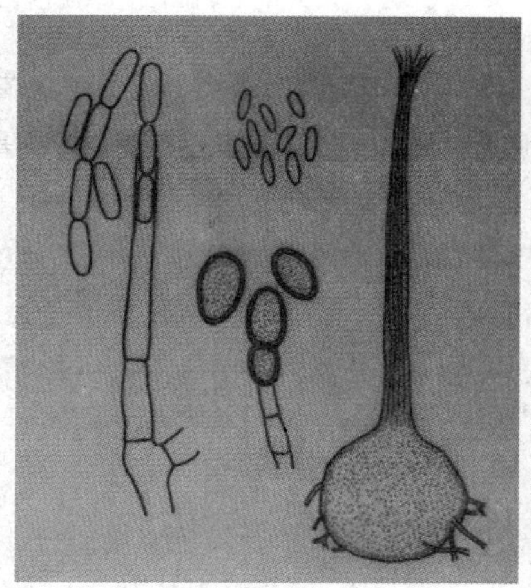

**图 6-2　奇异长喙壳(*Ceratocystis paradoxa*)的长颈瓶状子囊壳及分生孢子**

（李增平摄）

**病原**　线虫门,侧尾腺口纲,滑刃目,细杆滑刃线虫属的椰子细杆滑刃线虫[*Rhadinaphelenchus cocophilus* (Cobb) Goodey]。雌、雄成虫线形,细长,在头部和从阴门到尾部处明显地逐渐变狭,全长约 1 mm,宽约 10 μm,体环模糊可见,口针纤弱,长 12 μm。雌虫阴门约在 66%体长处,渐尖的尾部末端略钝;雄虫尾部末端尖细,端生交合伞向前延伸到尾长的 40%～50%处。在棕榈科植物上 9～10 天就可以繁殖一代(图 6-3)。寄主范围广,除为害椰子外,还为害油棕、王棕、枣椰、刺葵等多种棕榈科植物以及椰子园内一些杂草。

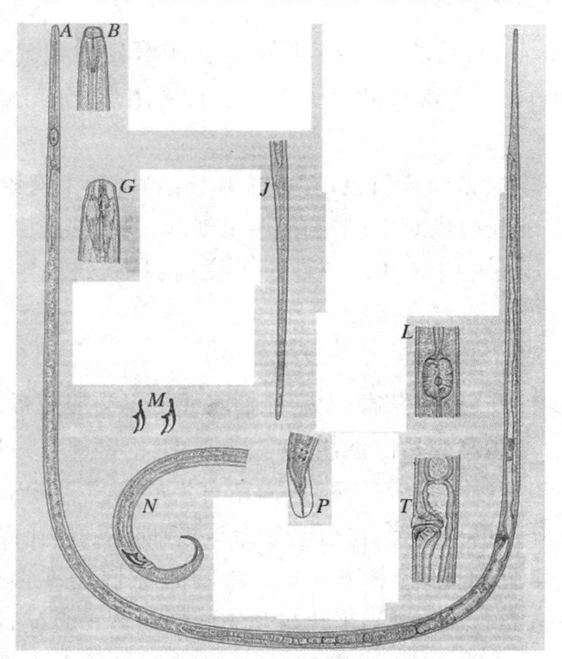


**图 6-3　椰子细杆滑刃线虫(*Rhadinaphelenchus cocophilus*)**

（引自 Howard Ferris,1999 ）

**(6)椰子假附球菌叶斑病**

**症状** 主要为害椰子树的下层老叶，病斑多从叶尖开始，病斑红褐色，边缘有黄色晕圈，后期病斑灰白色，边缘红褐色，分生孢子座呈成点状散生在病斑表面。发病严重时，叶尖大面积坏死，叶片变黄干枯。

**病原** 病原菌为半知菌类，丝孢纲，瘤座菌目，假附球菌属的椰子假附球菌（*Pseudoepicoccum cocos*（F. Stevens）M. B. Ellis）。病菌分生孢子座圆形，黑褐色，大小为 16 ～120 μm；分生孢子梗短，圆形至棍棒形，淡橄榄褐色，不分枝，大小为（8～14）μm×（2.5～3.5）μm；分生孢子单生，近球形，淡橄榄褐色，单胞，表面光滑或具有微刺。

**(7)椰子煤烟病**

**症状** 该病发生在椰子树的叶片上。发病初期，表面出现暗褐色点状小霉斑，后继续扩大成绒毛状黑色或灰黑色霉层。后期霉层上散生许多黑色小点或刚毛状突起物。因不同病原种类引起的症状也有不同。煤炱属的霉层为黑色薄纸状，易撕下和自然脱落；三叉孢菌的霉层如锅底灰，用手擦时即可脱落，多发生于叶面；小煤炱属的霉层则呈辐射状、黑色或暗褐色的小霉斑，分散在叶片正、背面和果实表面。霉斑可相连成大霉斑，菌丝两侧长有附着枝和附着器，能紧附于寄主的表面，不易脱离。

**病原** 引起椰子煤烟病的病原菌主要有三叉孢菌[*Tripos permunacerium*（Syd）Speg.]、煤炱菌（*Capnodium* sp.）、小煤炱菌（*Meliola* sp.）3 种。

三叉孢菌[*Tripos permunacerium*（Syd）Speg.]：此菌菌丝黑褐色，有分隔。分生孢子星状，无色或黑褐色。

煤炱菌（*Capnodium* sp.）：菌丝串珠状，淡褐色。子囊座纵长。子囊果黑色，无柄或有短柄，大小为 55 μm×90 μm。子囊棒状。子囊孢子长椭圆形，有 5 个分隔，有纵隔，大小为 43 μm×17 μm。

小煤炱菌（*Meliola* sp.）：菌丝体黑色，有分枝和分隔，菌丝上有附着器、附着枝和刚毛，附着枝一个细胞，与附着器互生或对生；附着器两个细胞，顶端细胞膨大，7～10 μm。闭囊壳球形，黑色，158～211 μm，长有附属丝。子囊孢子长椭圆形，暗褐色，4 分隔，大小为（33～56）μm×（17～26）μm。

**(8)椰子柄腐病**

**症状** 椰子下层老叶的叶柄易发病，发病叶柄表面组织初期变褐色至深褐色，病斑边缘具有明显的黄色晕圈，后期病斑变枯白色，叶柄失水干缩，内部组织白腐，潮湿条件下在病部表面长出蓝灰色膜状的担子果。发病严重时，病菌可沿叶柄侵入茎干内部造成茎干组织白腐，导致病株生长减慢，叶片提早枯黄，树冠明显缩小，后期整株枯死。

**病原** 担子菌门，层菌纲，非褶菌目，浅孔菌属的棕榈浅孔菌[*Grammothele fuligo*（Berk. & Broome）Ryvarden]。担子果平伏生长于叶柄或茎干表面，孔面蓝灰色，管口每毫米 7～9 个（图 6-4）。担子无色，棍棒状，薄壁；担孢子椭圆形或卵圆形，无色，大小为（5.6～7.6）μm×（2.3～3.4）μm.。

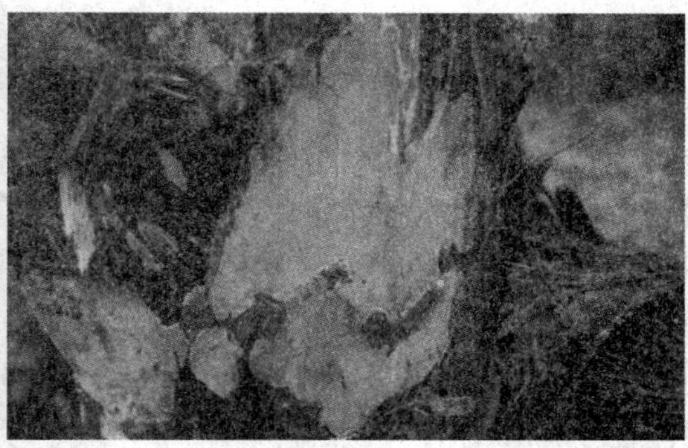

图 6-4　椰子柄腐病叶柄上的棕榈浅孔菌(*Grammothele fuligo*)担子果　(李增平摄)

**(9)椰子无根藤寄生**

**症状**　主要寄生椰子小苗的叶片,发病椰子生长不良,被寄生的叶片失绿发黄,变褐枯死。

**病原**　被子植物门,双子叶植物纲,毛茛目,樟科,无根藤属的无根藤(*Cassytha filiformis* L.)。寄生性缠绕草本植物。茎线形,绿色或浅黄色,叶退化为微小的鳞片。穗状花序长,花小,白色。果球形,黄豆粒大小,初期果皮绿色,成熟后变白色,略透明(图 6-5)。

图 6-5　无根藤(*Cassytha filiformis*)绿色茎和果实　(李增平摄)

**(10)椰子败生病**

**症状**　椰子败生病发生发展缓慢,被视为“慢死型”病害。病树从表现症状到病株死亡分为初期、中期、后期 3 个阶段。

初期症状:椰子果实变圆,果面中央处有裂痕,叶片出现明亮透明的黄斑。

中期症状:花序坏死,不结果实,或幼果逐渐脱落,叶斑扩大周围褪绿。

后期症状:叶斑几乎汇合,整个树冠明显变黄或呈古铜色,叶数减少,树冠变小,病株提前死亡。

**病原**　病原物为亚病毒,马铃薯纺锤块茎类病毒科,椰子死亡类病毒属(*Cocadviroid*)的椰子死亡类病毒(*Coconut cadang cadang viroid*,CCCVd)。此病毒是一种无蛋白质衣壳、低分子质量、单链、环状的 RNA。除侵染椰子外还侵染油棕等棕榈科植物。

**2. 油棕病害**

**(1)油棕茎基腐病**

**症状** 苗期至成株期均可受害。发病初期，植株表现为轻微萎蔫，生长缓慢，外轮叶片变黄，随后下部叶片逐渐黄化且下垂，果实和雄花停止发育，心叶枯萎，与缺水症状相似。横切受害的油棕茎基部，在树干中央呈现明显的圆形至不规则形坏死区。严重时，最嫩的叶片和中央心叶也变成淡黄色，但仍保持挺直，其他叶片的叶柄全部断折并向下悬挂，干枯的叶片在靠近树干处形成斗篷状。后期根系不断腐烂变褐色，最后整株枯死，枯死的病株在靠近地面的茎基部长出土褐色的檐状担子果。

**病原** 病原菌为担子菌门，层菌纲，非褶菌目，灵芝属的多种灵芝菌(*Ganoderma* spp.)。主要为狭长孢灵芝(*G. boninense* Pat.)、灵芝(*G. lucidum* (W. Curt.: Fr.) Karst.)、*G. miniatocinctum* Steyaert，*G. chalceum* (Cooke) Steyaert、*G. tornatum* (Pers.) Bers.、*G. zonatum* Murill 和 *G. xylonoides* Steyaert。

狭长孢灵芝(*Ganoderma boninense* Pat.)：担子果无柄或具柄，菌盖略呈圆形，大小为 9.5 cm×9 cm，厚约 1.2 cm；菌盖表面暗紫色，有细密清楚的同心环纹和放射状皱纹，有似漆样光泽；边缘钝；下表面白色，老熟后的下表面及菌管呈褐色(图 6-6)。担孢子为淡黄褐色，长卵圆形或顶端稍平截，双层壁，外壁无色透明，平滑，内壁有不明显的小刺，大小为(9.2～12) μm×(5.7～7.9) μm。

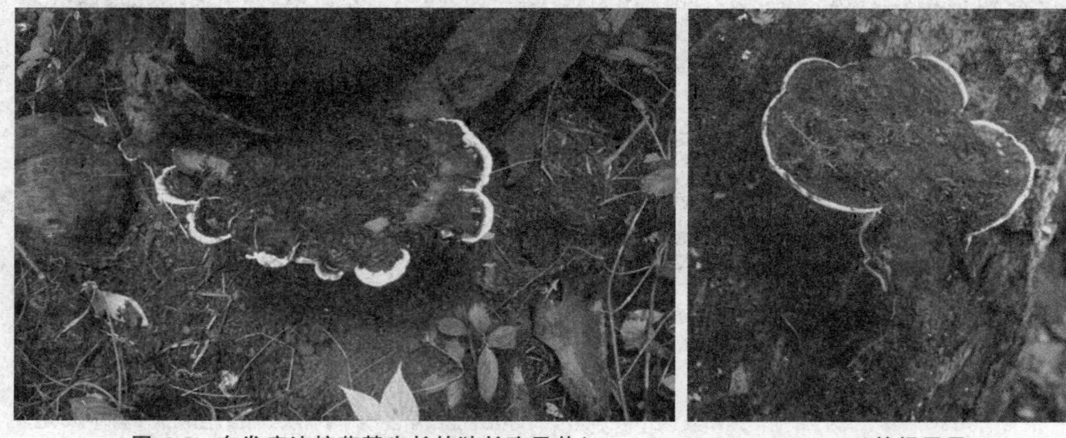

**图 6-6 在发病油棕茎基生长的狭长孢灵芝(*Ganoderma boninense* Pat.)的担子果**

(李增平摄)

**(2)油棕萎蔫病**

**症状** 幼苗发病后，生长停滞，矮小，外轮叶片干枯，纵切面显示出茎干组织的维管束变褐色、粉红色或黑色。成龄株以 8～15 龄植株最易感病，发病后，油棕的中层叶片和嫩叶首先变黄，以后长出的叶片逐渐变短，使病株外貌呈平顶状，心叶变得细小和紧缩成束，呈现淡黄色至象牙白色。剖开病株的茎干，可见茎基部至顶芽附近的维管束呈褐色。由于气候不同，成龄病株的病状可分为慢性型和急性型两类。

**病原**　半知菌类，丝孢纲，瘤座菌目，镰孢属的尖镰孢菌油棕专化型（*Fusarium oxysporum* f. sp. *elaeidis* Toovey）。病菌分生孢子有两种：大型分生孢子镰刀形，两端细胞稍尖略弯曲，有 3 个横隔，无色，大小为（25～45）μm×（3.5～4）μm；小型分生孢子呈圆形至椭圆形，1.5～3.0 μm，单胞，无色。

**（3）油棕果腐病**

**症状**　油棕树的果穗和果实在不同发育阶段均能发病，但大部分在果穗接近成熟和成熟期腐烂，其症状分为干枯型和湿腐型两类型。

干枯型：花期和幼果期发生败育，主要出现在干旱季节，败育花的幼果穗呈黄色或黄褐色，僵硬不腐，到雨季则很快腐烂。

湿腐型：这类果穗多出现在雨季或高湿而荫蔽的油棕树上。发病初期，病果外表症状不明显，用手轻摇果实可将病果从果穗中轻易取出（健果坚固，不能取出），病果蒂部已变褐色或黑褐色，呈水渍状湿腐，并伴有臭味。中后期病果除蒂部组织湿腐外，果面暗蓝，无光泽，稍有皱纹，用手指轻触即脱穗而出。果穗一旦发病，则整穗湿腐。

**病原**　开花期和幼果期缺水引起干枯型果腐；果实成熟期营养不良引起湿腐型果腐。

**（4）榕树绞杀油棕**

**症状**　被榕树绞杀的油棕生势逐渐衰弱，茎干上生长的榕属植物茎和气生根不断生长靠近后融合增粗，最终将油棕整株绞杀致死（图 6-7）。

**病原**　被子植物门，桑科，榕属的多种榕树（*Ficus* spp.）。主要有斜叶榕（*F. tinctoria* Forst.）、高山榕（*F. altissima* Bl.）、小叶榕（*F. microcarpa* Linn.）。

**图 6-7　生长在油棕茎干上的绞杀植物榕树（*Ficus* spp.）**　（李增平摄）

**（5）油棕柄腐病**

**症状**　油棕下层老叶的叶柄基部和割叶后残留的叶桩易发病，发病叶柄和叶桩表面组织初期变褐色，后期病斑变枯白色，叶柄失水干缩，内部组织白腐，潮湿条件下在病部表面长出蓝灰色膜状的担子果。发病严重时，病株生长减慢，叶片提早变黄枯死，树冠明显缩小。

**病原**　担子菌门，层菌纲，非褶菌目，浅孔菌属的棕榈浅孔菌［*Grammothele fuligo* (Berk. & Broome) Ryvarden］。担子果膜状，平伏生长于发病叶柄表面，孔面蓝灰色（图 6-8）。

图 6-8 油棕病叶柄上的棕榈浅孔菌(*Grammothele fuligo*)担子果 （李增平摄）

【实验学时】

3 学时。

【作业与思考题】

1. 简述椰子芽腐病、致死黄化病、泻血病的特征症状及病原菌的分类地位。

2. 绘制椰子灰斑病、泻血病的病原菌形态简图。

3. 简述油棕茎基腐病的特征症状及病原菌的分类地位。

4. 简述椰子红环腐线虫病的症状特点，并根据线虫危害特点制定快速诊断方法及防治措施。

5. 如何识别椰子致死黄化病、败生病和红环腐病？

6. 如何诊断油棕茎基腐病？其防治措施如何？

# 实验七

# 热带药用植物常见病害识别

【实验目的】

通过识别槟榔、益智、砂仁等热带药用植物常见病害的症状特征及病原，掌握其典型症状和病原种类，为田间诊断识别和病害防治打基础。

【材料和用具】

槟榔藻斑病、细菌性条斑病、炭疽病、黑纹根病、褐根病，益智花叶病、轮斑病，肉桂褐根病等病害的挂图及照片、腊叶标本、液浸标本、新鲜病害标本及病原物玻片标本。

载玻片、盖玻片、挑针、镊子、剪刀、酒精灯、蒸馏水、小透明胶、小木块、放大镜、铅笔、生物显微镜、电视显微镜、投影机等。

【内容及步骤】

**1. 槟榔病害**

**(1)槟榔细菌性条斑病**

**症状**　叶片受害呈现暗绿色至淡褐色、水渍状的椭圆形小斑点，扩展成宽 1 cm、长 1～10 cm 的深褐色短条斑，其周围黄晕明显。潮湿条件下，病斑背面渗出淡黄色菌脓。重病株病叶破裂，变黄后变褐枯死。

**病原**　原核生物界，普罗斯特细菌门，黄单胞杆菌属的野油菜黄单胞菌槟榔致病变种[*Xanthomonas campestris* pv. *arecae*(Rao& Mohan) Dye]。菌体短杆状，两端钝圆，革兰氏染色阴性反应；鞭毛单根极生。在 YDC 培养基上菌落圆形，表面光滑，隆起，有光泽，淡黄色，边缘完整，黏稠，略透明(图 7-1)。

**(2)槟榔叶枯病**

**症状**　叶枯病在国外称褐斑病，主要为害叶片。发病初期，叶片上出现圆形、黑褐色小点，继而扩展为直径 1～5 cm 的椭圆形或不规则形病斑，病斑边缘暗褐色，中央灰褐或灰白色，具有明显的同心轮纹并散生许多小黑点(病菌分生孢子器)，外围有水渍状、暗绿色晕圈。发病严重时病斑汇合成为长条形大斑，引起叶片干枯纵裂。

**病原**　半知菌类，腔孢纲，球壳孢目，叶点霉属的槟榔叶点霉菌(*Phyllostica aecae* Diedecke)。病菌分生孢子器黑色，扁球形，有孔口，着生于叶片正面，散生，初埋生，后突破表层而孔口外露。分生孢子卵圆形或长椭圆形，单胞，无色(图 7-2)。

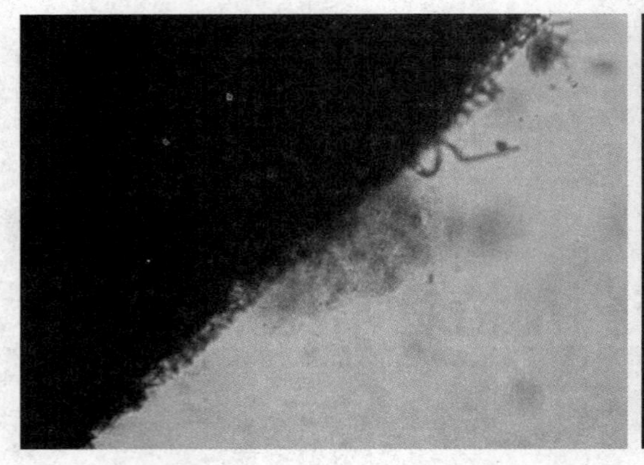
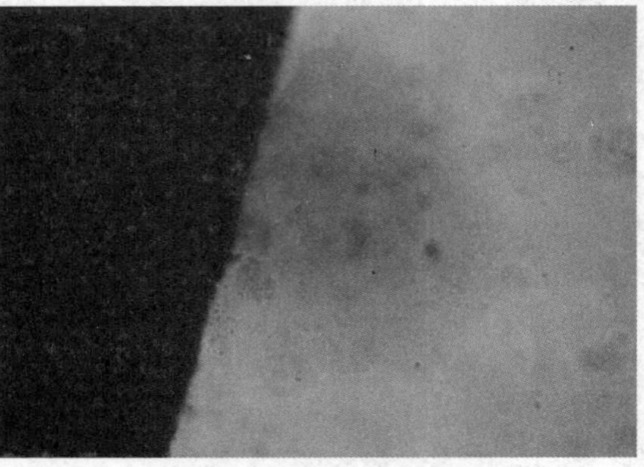

图 7-1　槟榔细菌性条斑病病叶组织镜检时的喷菌现象　　　　（李增平摄）

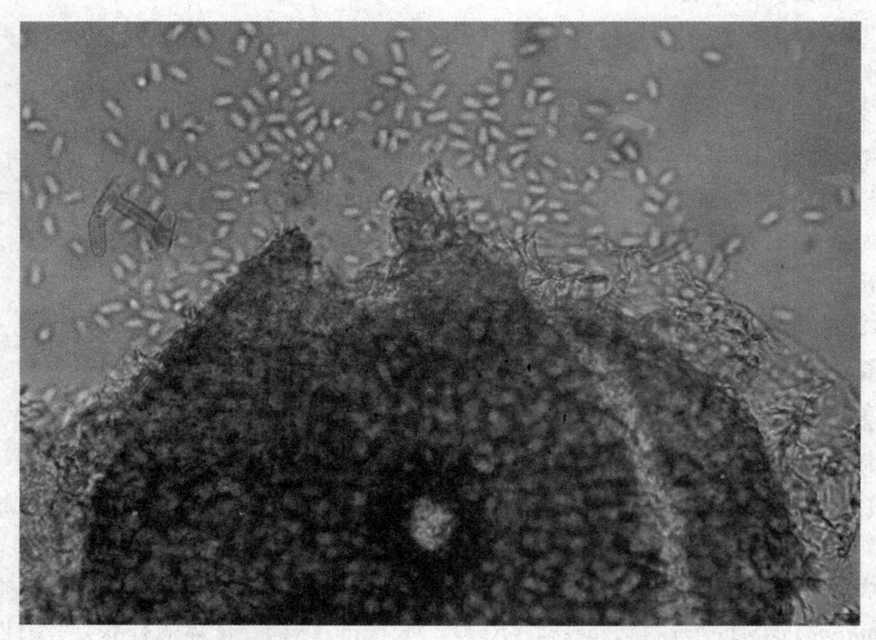

图 7-2　槟榔叶点霉菌(*Phyllostica aecae*)的分生孢子器和分生孢子　（李增平摄）

**(3)槟榔炭疽病**

**症状**　叶上病斑呈圆形、椭圆形、多角形或不规则形，灰褐色或深褐色，具云纹或波浪状环纹，其上密布小黑点。重病叶变褐枯死，破碎。绿果染病时出现圆形或椭圆形、墨绿色病斑；熟果染病后出现近圆形、褐色、凹陷病斑，而后扩展至全果引起果实腐烂。高湿条件下，病部产生粉红色黏液状孢子堆。

**病原**　半知菌类，腔孢纲，黑盘孢目，刺盘孢属的胶孢炭疽菌(*Colletotrichum gloeosporioides* Penz. ＝*C. arecae* Syd.)。有性态为子囊菌、小丛壳属的围小丛壳[*Glomerella cingulata*(Stonem.) Spauld. & Schrenk]。病菌分生孢子盘散生，初埋生在寄生表皮下，后外露；分生孢子盘上具有长而硬的深褐色刚毛，1～2 分隔。分生孢子梗无色，圆柱形，不分隔，

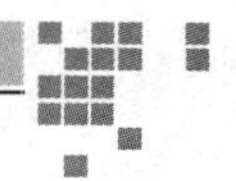

呈栅状排列。分生孢子顶生在梗上，长椭圆形，单胞无色，大小为(13.5～7.5) μm×(4.2～5.9) μm，孢子内部可见1～3个油滴(图7-3)。

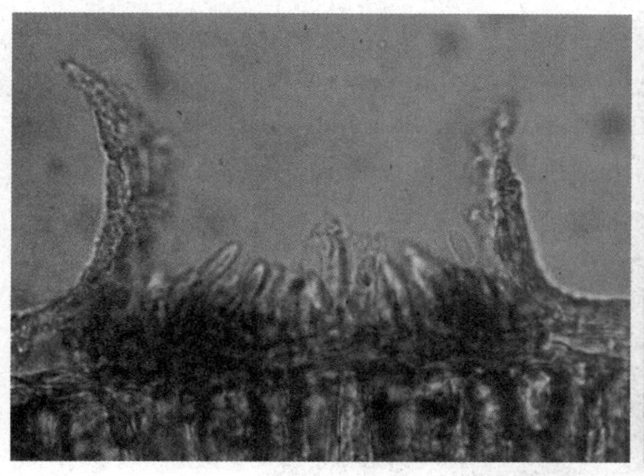
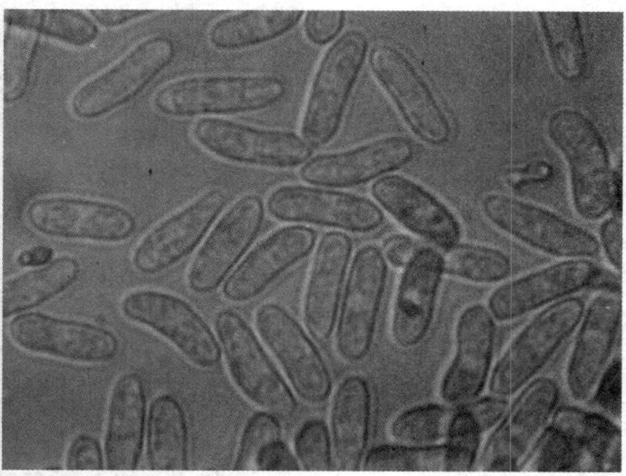

图7-3　槟榔炭疽病菌的分生孢子盘及分生孢子　(李增平摄)

**(4)槟榔茎基腐病**

**症状**　田间发病的槟榔病株从下层叶片开始由外向内部逐渐失绿、变黄干枯，枯死叶片从叶基部萎垂，树势逐渐衰弱，最后整株干枯死亡；潮湿季节在将死或已病死的槟榔茎干基部及暴露的根须上长出红褐色担子果，茎基组织和病根呈海绵状湿腐，有时病根表面长有白色菌丝。

**病原**　担子菌门，层菌纲，非褶菌目，灵芝属的多种灵芝菌(*Ganoderma* spp.)。主要为狭长孢灵芝(*G. boninense* Pat.)和灵芝[*G. lucidum* (Leyss. ex Fr.) Larst.]。

狭长孢灵芝(*Ganoderma boninense* Pat.)：担子果一年生，有粗短的柄，木栓质。菌盖贝壳形，菌盖边缘橘黄色，中部至基部变为红褐色或黑褐色，有细密清晰的同心环纹和放射状突起的纵脊，具似漆样光泽；下表面新鲜时为白色，触摸后变为浅褐色，干后为草黄色；管口略圆形，管壁较厚、全缘，每毫米3～5个。菌柄背生，暗红色(图7-4)。

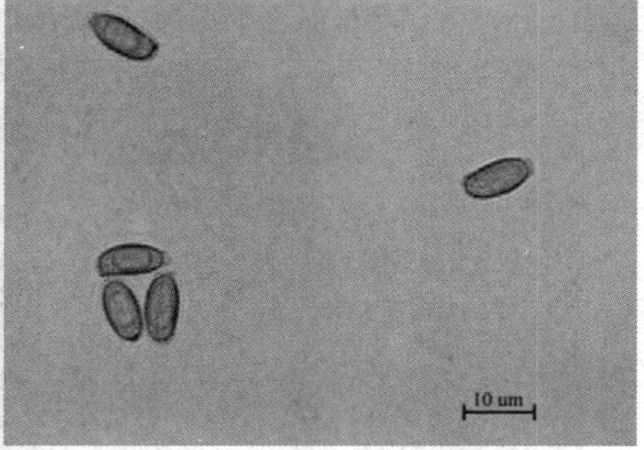


图7-4　槟榔病树头生长的狭长孢灵芝(*Ganoderma boninense*)担子果(左)及担孢子(右)　(李增平摄)

**(5)褐根病**

**症状** 植株外层叶片褪绿、黄化，树干干缩，呈灰褐色，随后叶片脱落，整株死亡。病根表面粘泥沙，偶见铁锈色至黑色菌膜，木质部轻、干、硬、脆，具有褐色网纹，后期呈蜂窝状。

**病原** 担子菌门，层菌纲，非褶菌目，木层孔菌属的有害木层孔菌(*Phellinus noxius* Corner)。子实体木质，无柄，半圆形，层生，边缘略向上，呈锈褐色，下表面灰褐色，不平滑，密布小孔(图 7-5)。担孢子为卵圆形，单胞。

**图 7-5 槟榔褐根病病菌的担子果** (李增平摄)

**(6)黑纹根病**

**症状** 病树叶片褪绿变黄，并逐渐枯死。病根表面不粘泥沙，病根干腐，木质部剖面有波浪状黑线纹，偶见黑纹闭合成小圆圈。子实体扁平，紧贴病部，开始为白色，渐变灰绿色，最后变为黑色、炭质。

**病原** 子囊菌门，核菌纲，焦菌属的炭色焦菌[*Ustulina deusta*(Hoffm. et Fr.)Petrak]。分生孢子梗短而不分枝，无色。分生孢子顶生，单胞，无色，香瓜子形。子囊果黑色，球形。子囊孢子 8 个，单胞，褐色至黑色，呈香蕉形或鼠粪状，单行排列(图 7-6)。

**图 7-6 生长于槟榔树头的槟榔黑纹根病病菌子实体** (李增平摄)

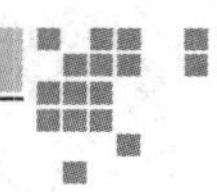

**(7)槟榔果腐病**

**症状**　发病初期,未成熟的槟榔果实表面呈现褐色水渍状病斑,受侵染的果实失去光泽。病斑逐渐扩展至整个果实,造成果实腐烂并从萼片处脱落,脱落的果实表面长白色霉状物。病害继续扩展,导致果柄和花穗轴亦被侵染。槟榔果腐病的病原亦侵染槟榔的嫩梢组织,引起顶芽变褐腐烂,侵染扩展到嫩叶,嫩叶很快腐烂,茎的生长点亦随后腐烂,腐生细菌在腐烂的病芽上繁殖,使顶芽变成黏糊状,散发出恶臭;随后顶部心叶萎蔫,稍用力即能拔出,外层叶片仍可保持绿色达几个月之久;后期叶片全部变黄,变褐枯死下垂,最后脱落,剩下光秃的主干,全株死亡。

**病原**　卵菌门,卵菌纲,霜霉目,疫霉属的槟榔疫霉[*Phytophthora arecae* (Coleman) Pethybridge]。病原菌的孢子囊为椭圆形、倒梨形或近球形,顶端具有半球形乳头状突起。可产生厚垣孢子和卵孢子。

**(8)槟榔鞘腐病**

**症状**　主要为害槟榔的叶鞘和茎干,发病槟榔的叶鞘和叶片枯死后紧贴于槟榔树干上,不能正常脱落,撕开枯死病叶后可见白色菌丝。多雨潮湿季节在病部长出伞形子实体(担子果)。由于在叶鞘间长有大量病菌菌丝,菌丝具有较强的黏性,黏住已干枯的叶鞘,使枯叶不能正常脱落,一直包在茎干上直到全部被分解。

**病原**　担子菌门,层菌纲,伞菌目,微皮伞属的白微皮伞菌[*Marasmiellus candidus* (Bolt.) Sing],是一种弱寄生的木腐菌。子实体群生,单生或散生,初期伞形,后平展,膜质,纯白色,菌盖直径为 0.3～1.7 cm,宽为 0.4～3.5 cm。菌柄大小为(0.1～10) mm×(1～2) mm;菌肉薄,白色,菌褶稀疏,不规则排列(图 7-7)。

**图 7-7　白微皮伞菌[*Marasmiellus candidus* (Bolt.) Sing]的担子果**　(李增平摄)

**(9)槟榔裂褶菌茎腐病**

**症状**　病害发生于槟榔离地面 1～1.5 m 高的受伤茎干上或有伤口的叶柄上,受害部位的组织先变褐色腐烂,病株长势逐渐衰弱,受害叶片发黄,最终枯死;多雨季节在发病部位长出白色至灰白色的扇形的担子果。

**病原**　担子菌门,层菌纲,伞菌目,裂褶菌属的裂褶菌(*Schizophyllum commune* Fr.)。病菌子实体散生或群生于茎干或叶柄的表面,扇形,上披绒毛,边缘向下向内卷曲,具多数

裂瓣，质地坚韧，初期白色，后期变灰白色。菌盖直径为 1.1～2.3 cm，宽 0.6～3.7 cm（图 7-8）。

图 7-8　裂褶菌（*Schizophyllum commune* Fr.）在槟榔叶片和茎干上产生的担子果

（李增平摄）

**(10)槟榔黄化病**

**症状**　植株染病后，初期中下层 2～3 片叶开始变黄，黄化部分与绿色部分分界明显，逐渐向上蔓延，茎干上出现半透明的小点，继而扩展至整株叶片黄化，叶尖部开始干枯并开裂；心叶变小，叶片变硬变短，部分叶片皱缩畸形，呈现束顶症状；树冠部茎干逐渐变细，节间缩短，严重时造成树冠倒伏；叶鞘基部的小花苞水渍状败坏，佛焰苞、花序轴顶变黑枯萎，果实提前脱落，胚乳失绿变黑、变软。顶部叶片变黄一年左右脱落，留下光杆，最后整株死亡。大部分植株发病后 5～7 年死亡。

**病原**　原核生物界，厚壁菌门，植原体属的植原体（*Phytoplasma* sp. =MLO）。其病原人工接种可侵染槟榔、山棕、油棕、蒲葵等 30 多种棕榈科植物。田间近距离传播主要是棕榈长翅蜡蝉（*Proutistia moesta*）等媒虫。

**(11)槟榔枯萎病**

**症状**　主要为害槟幼苗和幼龄期的槟榔。幼苗发病，植株叶片失绿、呈青绿色，失水干枯，根系维管束变褐色，生长点处组织湿腐，整株死亡；幼龄槟榔发病，叶片失绿发黄，下层病叶失水干枯，从叶柄基部下折倒挂于茎干上，重病株整株枯死，须根变褐坏死，根茎维管束变褐坏死。

**病原**　半知菌类，丝孢纲，瘤座孢目，镰刀菌属的镰刀菌（*Fusarium* sp.）。

**(12)槟榔病毒病**

**症状**　槟榔病毒病是近年来在槟榔上新发现的一种对槟榔产量影响较大的病毒病害。幼苗发病，嫩叶上呈现失绿发黄的梭形黄斑或黄圈斑，后期变深褐色坏死，病斑周围具有明显黄色晕圈；病株生势衰弱，生长缓慢，重病株节间缩短，叶片短小，病株矮小，不结果。成株发病，最下层叶片的小叶上呈现圆形黄斑、黄圈斑、黄条纹和黄条斑，病斑后期呈深褐色波浪

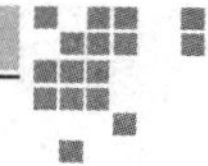

形条纹，圆形、椭圆形深褐色坏死斑和环斑，病斑周围具有明显黄色晕圈，重病叶远观变黄，后期干枯坏死；冬春季花苞呈水渍状坏死，夏天抽出的花穗易干枯，结果少或不结果。

**病原**　马铃薯Y病毒毒科，槟榔坏死环斑病毒(*Areca palm necrotic spindle-sport virus*，ANSSV)。病毒粒子为弯曲长杆状。可能存在不同株系。

**(13)槟榔藻斑病**

**症状**　病斑呈圆形，其上长满黄褐色绒毛状物(为寄生藻的孢囊梗和孢子囊)，老病斑后期变灰褐色或白色，病斑上仅存极少量坏死的孢囊梗。在雨水较多的季节，受害较重的植株可见茎干和叶鞘上布满成片的黄褐色绒毛状物，严重发生时可引起槟榔长势衰弱。

**病原**　绿藻门，橘色藻科，头孢藻属的寄生藻(*Cephaleuros virescens* Kunze)。孢囊梗粗状，黄褐色，具分隔，顶端膨大成球形或半球形，其上着生指状弯曲的孢囊小梗，小梗顶端着生黄褐色的球形孢子囊，高湿条件下孢子囊形成肾形游动孢子(图7-9)。

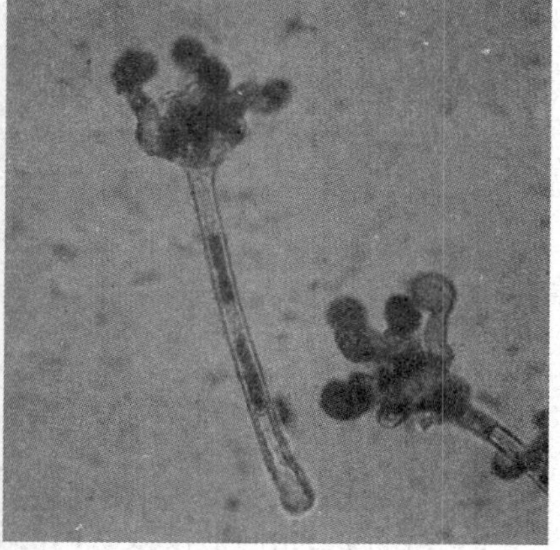

图7-9　寄生藻(*Cephaleuros virescens*)在槟榔茎上的黄褐色孢囊梗及孢囊梗放大

(李增平摄)

**(14)槟榔缺素黄叶病**

**症状**　病害主要发生在1～3龄的幼树和结果树上。发病的槟榔园植株同时出现黄叶，没有明显的中心病株。植株从最下层老叶叶尖开始变橘黄色，继而发展到全叶黄化，然后依次向上扩展黄化，下层黄化叶片叶尖变灰褐色坏死，最终全叶枯死脱落。有时最下层老叶完全黄化脱落，但上层叶片仍完全健绿。病株花序变小，雌花少而多败育，提早枯萎，偶尔结果也易脱落。

**病原**　缺钾、缺氮是本病发生的主要原因。

**(15)槟榔除草剂药害**

**症状**　喷施除草剂约1周后症状开始显现，连续多次使用除草剂后显症更明显。最初的症状是伴随槟榔根系周围杂草的枯死，槟榔下部茎干及暴露于地面的根系表面变褐坏死，受害槟榔下层叶片开层褪绿发黄，从叶柄基部下折倒挂。停用除草剂后黄化症状会逐渐消褪，但伴随除草剂的多次使用，黄化症逐渐向上蔓延，病情不断加重，先发病的黄叶相继枯死，暴露于地表的受害根系腐烂，并向地下发展，最终整株枯死，从根部折断倒伏。

**病原** 喷雾草甘膦类灭生性除草剂不当伤根及茎干所致。

**(16)槟榔肥害**

**症状** 最初的症状是与施肥位置相对一侧的植株下层叶片从叶尖、叶缘开始失绿变黄,叶片无光泽,长势逐渐衰弱,最后叶尖开始变褐枯死。继而扩展到第二、第三轮叶片失绿变黄。挖开施肥穴,可见施肥穴部位的槟榔根系从小根开始失水干缩,受害严重的根系从小根到大根全部干枯死亡,植株生长受阻。发病严重且反复受害多次的植株最终衰弱死亡。

诊断要点:植原体、缺素、肥害、水害、旱害、除草剂药害等在发病初期都可引起槟榔叶片黄化。肥害引起的槟榔叶片黄化主要是施肥一侧的槟榔下层叶片先发黄,个别肥害严重的会造成部分叶片枯死,但肥害过后发病槟榔可恢复正常生长。植原体引起的黄化有发病中心,病害轻重程度不一,同时伴随树冠缩小,病株不会自然恢复正常,最终死亡。缺素引起的黄化表现为整块地的槟榔叶片都黄化,不会传染,补施肥料后会恢复正常。水害引起的黄化是下层叶片变黄,多发生在雨季,只在地势低洼、积水时间过长的槟榔园内发生,旱季槟榔则恢复正常生长。旱害引起的槟榔叶片黄化多在旱季发生于缺水的山坡地槟榔园,雨季槟榔则恢复正常生长。除草剂药害主要与在槟榔园长期施用草甘膦类除草剂有关,表现为槟榔暴露于地面的根系变褐坏死,并腐烂,病株下层叶片黄化并枯死。

**病原** 施肥不当。集中过量施用硫酸钾、氯化钾、硝酸钾等化学肥料或未腐熟的猪、牛、羊粪肥等有机肥均可导致槟榔烧根,引起叶片黄化,甚至枯死。

**2. 益智病害**

**(1)益智轮斑病**

**症状** 老叶先发病。病斑多从叶尖叶缘开始发生,不规则形,红褐色,中央灰褐色,并有明显的深浅褐色相间的波浪状同心轮纹,其上散生大量小黑点,病斑外围有黄晕。

**病原** 半知菌类,腔孢纲,黑盘孢目,拟盘多毛孢属的棕榈拟盘多毛孢[*Pestalotiopsis palmarum* (Cooke) Stey. = *Pestalotia palmarum* Cooke]。分生孢子盘黑色,盘状,直径185~192 μm。分生孢子梗短而细,不分枝。分生孢子纺锤形,大小为(25~35) μm×(7~10) μm,有4个横隔,中间3个细胞淡褐色,两端细胞无色,顶端有2~3根无色刺毛,长9~20 μm,基部细胞有小柄(图7-10)。

**(2) 益智炭疽病**

**症状** 本病为害益智幼苗和结果株。植株通常从叶尖、叶缘开始发病,高温多雨季节易发病。初期呈现水渍状、暗绿色条斑,扩展后变为红褐色或灰褐色不规则形病斑,其上散生小黑点(病菌分生孢子盘)。

**病原** 半知菌类,腔孢纲,黑盘孢目,刺盘孢属的胶孢炭疽菌(*Colletotrichum gloeosporioides* Penz.)

**(3)益智花叶病**

**症状** 叶上呈现与叶脉平行的黄白色短条斑。病株生长不良,结果少或不结果。

**病原** 马铃薯Y病毒科,柘橙病毒属(*Macluravirus*)的益智花叶病毒(*Alpiniae oxyphyllae mosaic virus*)。

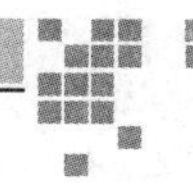

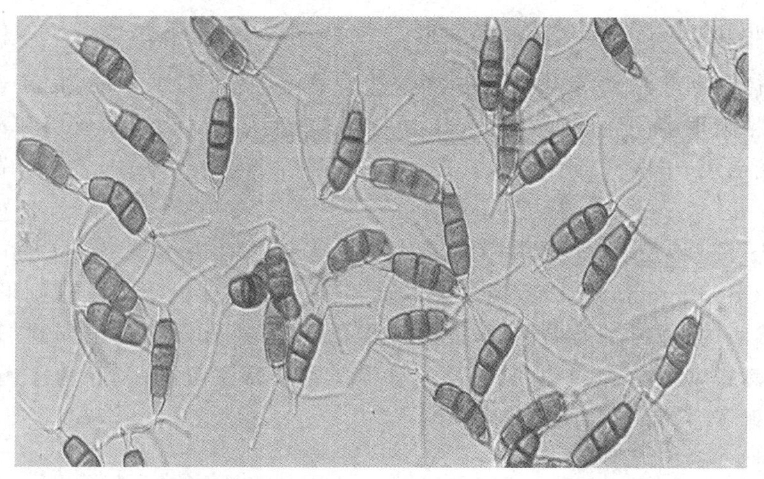

图 7-10　棕榈拟盘多毛孢(*Pestalotiopsis palmarum*)的分生孢子　　(李增平摄)

### 3. 巴戟紫根病

**症状**　病菌主要侵染巴戟的地下根系和整基部。病根表面不粘泥沙，布满网状紫红色菌索，继而病根皮层松脱、腐烂，变黑褐色，并渗出黑色黏液。阴雨季节，菌索迅速向上蔓延，病株叶片变黄、脱落以至整株死亡；从根颈向上 15 cm 内的枝叶表面长满紫褐色、松软、海绵状的菌膜，后期在病部产生紫色颗粒状菌核。

**病原**　担子菌门，层菌纲，木耳目，卷担子菌属的 *Helicobasidium purpureum* Pat. = *H. mompa* Tanaka。担子果紫褐色，膜状，由菌丝体交织而成垫状，多雨季节，在其上产生粉状担子层(图 7-11)。担子为无色，圆筒状，弯曲成弓状，梗端生担孢子。担孢子单胞，无色，卵圆形或卵形，顶端圆，基部略尖，大小为(16～19) μm×(6～64) μm。菌核紫色，近圆形，内部黄褐色至白色。本菌除为害巴戟外，还可侵染党参、黄芪、桔梗等多种药材。

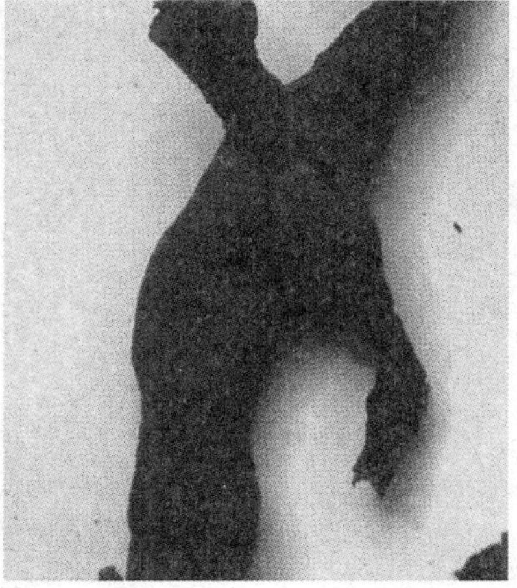

图 7-11　*Helicobasidium purpureum* 生长于巴戟病根表面的担子果(李增平摄)

**4. 肉桂褐根病**

**症状** 病树初期叶片褪绿，而后变褐色、枯萎下垂，茎干失水干缩，常在短期内整株死亡。病根表面粘附很多泥沙，凹凸不平，其中夹有铁锈色、毛毡状的菌丝层和薄而脆的黑色菌膜；木质部浅褐色、干腐、质硬而脆，其表面有明显的褐色网纹，皮木之间有黄白色绒毛状菌丝体。

**病原** 担子菌门，层菌纲，非褶菌目，木层孢菌属的有害木层孔菌[*Phellinus noxius* (Corn.)G. H. Cunningham]。病菌担子果木质，坚硬，无柄，半圆形或不规则形，上表面呈黑褐色，有轮纹状浅沟，边缘呈锈褐色，下表呈灰褐色，密布小孔。担孢子卵圆形，单胞，无色，大小为(3.2～4.1) $\mu$m×(2.6～3.2) $\mu$m，有油滴。本菌寄主范围广，除为害肉桂外，还可侵染橡胶、油棕、椰子、可可、茶树等多种植物。

【实验学时】

3 学时。

【作业与思考题】

1. 简述槟榔细菌性条斑病的特征症状及病原菌的分类地位。
2. 绘制槟榔叶枯病的病原菌形态简图。
3. 田间如何诊断细菌性条斑病？其综合防治措施如何？
4. 如何区分槟榔黄化病和生理性黄叶病？
5. 槟榔炭疽病的典型症状如何？如何与叶枯病相区分？
6. 槟榔根腐病有哪几种？如何诊断及防治？
7. 如何识别益智轮斑病？

# 实验八

# 木薯常见病害识别

【实验目的】

通过识别木薯常见病害的症状特征及病原，掌握其典型症状和病原种类，为田间诊断识别和病害防治打基础。

【材料和用具】

木薯花叶病、细菌性枯萎病、炭疽病、褐斑病、白斑病等病害的挂图及照片、腊叶标本、液浸标本、新鲜病害标本及病原物玻片标本。

载玻片、盖玻片、挑针、镊子、剪刀、酒精灯、蒸馏水、小透明胶、小木块、放大镜、铅笔、生物显微镜、电视显微镜、投影机等。

【内容及步骤】

**1. 木薯花叶病**

**症状** 木薯花叶病是中国对外检疫植物危险病害之一。木薯植株各个不同生长时期均可受非洲木薯花叶病毒侵染，而幼龄植株发病后叶片畸形，沿叶片主脉或侧脉两侧褪绿，形成黄绿色与深绿色相间的花叶症状。叶片中部和基部常收缩成蕨叶状。发病株通常矮化，结薯少而小。

**病原** 属于双生病毒科，菜豆金色花叶病毒属(*Begomovirus*)的非洲木薯花叶病毒(*African cassava mosaic virus*)。病毒粒子球状等轴联生，大小约为 30 nm×20 nm，在长轴的中点具有一明显的腰部(图 8-1)。钝化温度 55℃，稀释限点 $10^{-3}$～$5\times10^{-4}$，体外保毒期 3～4 天。

**2. 木薯细菌性枯萎病**

**症状** 病原菌主要为害木薯叶片和茎干。受害叶片初期背面出现暗绿色、水渍状多角形病斑，扩大后中间变灰褐色，边缘仍呈水渍状，病部常渗出数粒淡黄色珠状菌脓。病斑沿侧脉扩展到主脉后，引起叶片凋萎。有时病菌从叶柄或嫩茎伤口侵入，病部凹陷、变褐色，病部以上的叶片凋萎，枝条、嫩茎枯死，纵切茎部可见受侵染的维管组织变褐色坏死，严重时全株死亡。

**病原** 原核生物界，普罗斯特细菌门，黄单胞杆菌属的地毯草黄单胞杆菌木薯致病变种(*Xanthomonas axonopodis* pv. *manihotis* Vauterin, Kerters & Swings)。菌体杆状，革兰氏

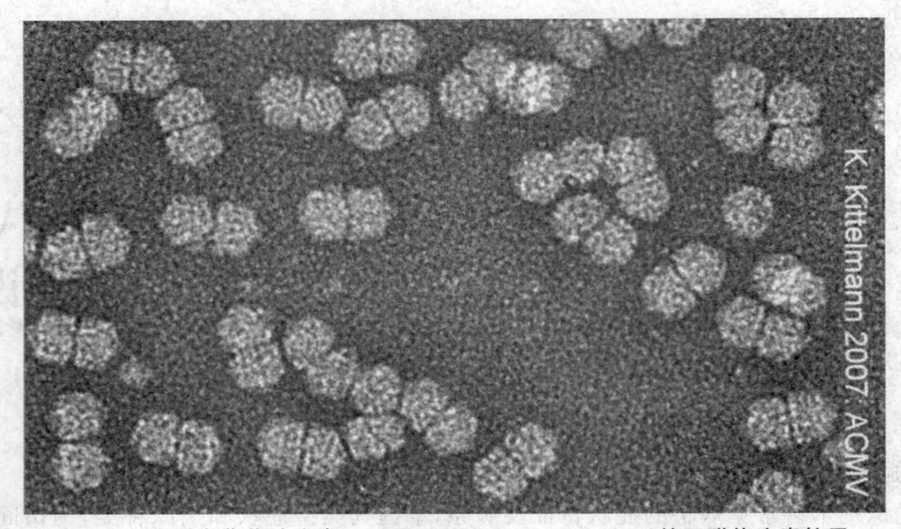


**图 8-1　非洲木薯花叶病毒(*African cassava mosaic virus*)的双联体病毒粒子**

(引自 K. Kittelmann，2007)

染色阴性，无荚膜，极生单鞭毛，不产生芽孢，大小为(1.1～1.4) μm×(0.3～0.4) μm(图 8-2)。多数单个排列。

**图 8-2　地毯草黄单胞杆菌木薯萎蔫致病变种在病叶上的菌脓**

(李增平摄)

**3. 木薯褐斑病**

**症状**　叶片出现多角形、近圆形斑或不规则形褐色病斑，边缘暗褐色，分界明显，外围具有黄色晕圈。重病叶片变黄、干枯脱落，在潮湿情况下病斑背面产生灰绿色霉状物(分生孢子梗及分生孢子)。

**病原**　半知菌类，丝孢纲，丝孢目，钉孢属的亨宁氏钉孢[*Passalora henningsii*(Allesch) R. F. Castaneda et U. Braurn＝ *Cercospora henningsii* Allesch]；其有性阶段是球腔菌属(*Mycosphaerella*)。分生孢子梗淡褐色，色泽均匀，直圆筒状或稍弯曲，大小为(20.0～

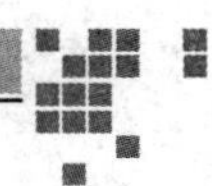

50.0) μm×(3.6～5.5) μm,0～3 个隔膜,多为 0～1 个隔膜,孢痕加厚明显;分生孢子长圆柱形或倒棍棒形,直或稍弯曲,大小为(6.0～60.0) μm×(1.0～8.0) μm,无色至淡褐色,具有0～10 个隔膜,多为 1～5 个隔膜,基部脐点明显(图 8-3)。

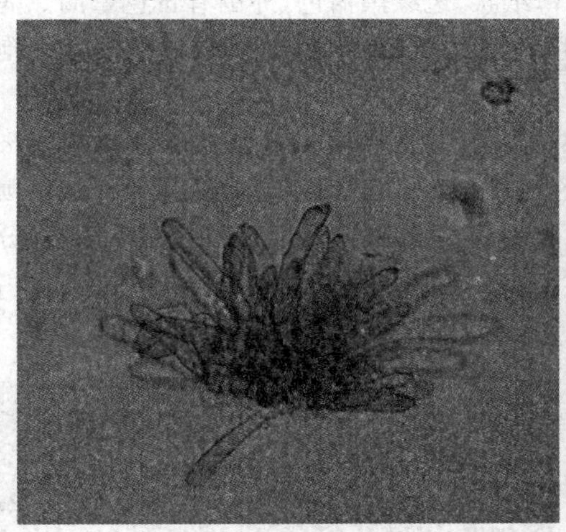

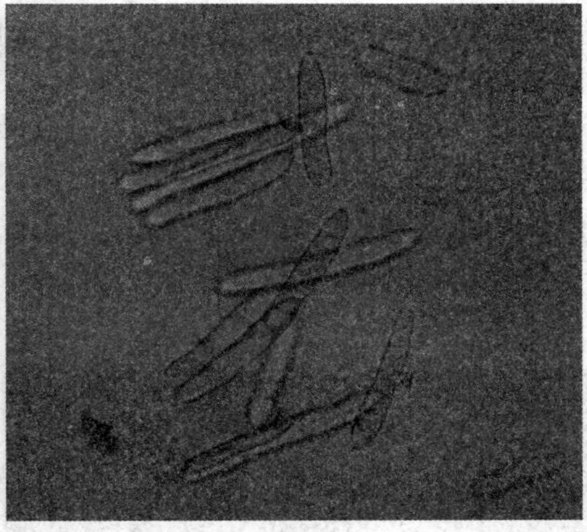

**图 8-3　亨宁氏钉孢(*Passalora henningsii*)的分生孢子梗及分生孢子**　(李增平摄)

**4. 木薯平脐蠕孢叶斑病**

**症状**　病原菌主要为害成叶。发病初期呈现水浸状、褪绿的圆形病斑,扩展后病斑坏死,呈枯黄色,病斑中央具有同心轮纹,边缘深褐黄色。潮湿时病斑中央产生褐色霉状物(病原菌的分生孢子梗和分生孢子)。后期病斑中央破裂、穿孔。

**病原**　半知菌类,丝孢纲,丝孢目,平脐蠕孢属的狗尾草平脐蠕孢(*Bipolaris setariae*)。分生孢子梗丛生,褐色,直立或有曲膝状,不分枝,具隔膜,基细胞膨大呈半球形。成熟的分生孢子长椭圆形,稍弯曲,两端钝圆,大小为(49.71～117.12) μm×(13.32～17.16) μm,平均 96.83 μm ×15.22 μm,具有 5～8 个假隔膜,脐点平截(图 8-4)。

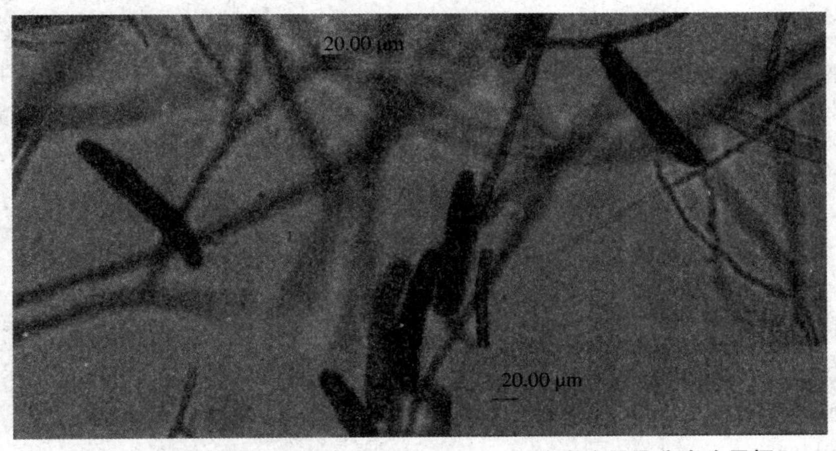


**图 8-4　狗尾草平脐蠕孢(*Bipolaris setariae*) 分生孢子及分生孢子梗**

(引自时涛,2010)

**5. 木薯棒孢霉叶斑病**

**症状** 病菌主要侵染成熟叶片，初期形成褐色小点，边缘不整齐。在潮湿条件下病斑扩大呈近圆形或者不规则形，黄褐色，中央灰白色薄纸状，边缘黑褐色，外围有黄色晕圈。病害严重发生时引起植株大量落叶。田间湿度大时病斑中央产生褐色霉状物(病菌的分生孢子梗和分生孢子)。

**病原** 半知菌类，丝孢纲，丝孢目，棒孢属的山扁豆生棒孢(*Corynespora cassiicola*)。分生孢子梗直或弯曲，不分枝，单生或丛生，无色至浅褐色。分生孢子单生，倒棍棒状或圆柱形，直或略弯，浅橄榄色或褐色。有 4～13 个假分隔，顶端钝圆，基部近截形，脐点明显，分隔处一般不缢缩，孢子大小为(19.6～150.3) μm ×(5.5～10.7) μm，平均 70.7 μm ×8.9 μm (图 8-5)。

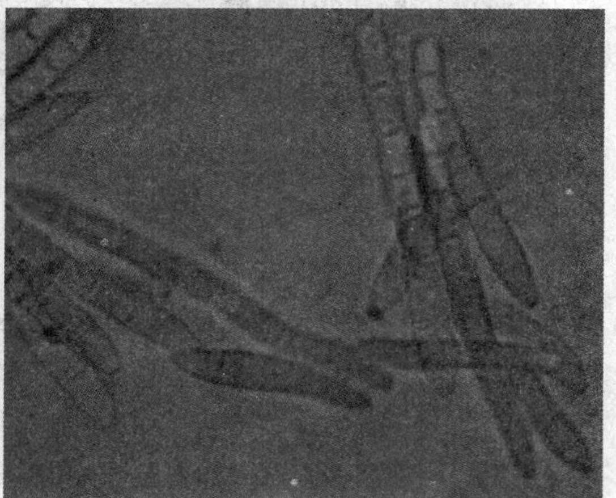

图 8-5 山扁豆生棒孢(*Corynespora cassiicola*)分生孢子梗和分生孢子 (李增平摄)

**6. 木薯炭疽病**

**症状** 病菌主要为害木薯叶片和茎干。发病组织先褪绿，扩展后形成淡褐色至暗褐色的病斑，病斑呈菱形、椭圆形或不规则形；后期病斑上产生黑色小点(病菌的分生孢子盘)。当病斑在茎干上环绕一圈时，病斑以上的茎干逐渐枯死，叶柄基部萎缩，叶片发黄、脱落；在高湿条件下，病斑上产生粉红色黏液状孢子堆。

**病原** 半知菌类，腔孢纲，黑盘孢目，黑盘孢科，刺盘孢属的胶孢炭疽菌(*Colletotrichum gloeosporioides*)。其有性态为子囊菌门、核菌纲、球壳目、小丛壳属的围小丛壳(*Glomerella cingulata*)。

病原菌在马铃薯葡萄糖琼脂(PDA)培养基上的菌落呈白色，圆形，边缘整齐；气生菌丝旺盛。分生孢子圆柱形，两端钝圆，无色，直，单胞，表面光滑，中间有 1～2 个油球，平均大小为 15.47 μm×5.07 μm(图 8-6)。

**7. 木薯白粉病**

**症状** 发病初期，叶片表面可见分散的点状白色粉状物，病叶变黄后，形成轮廓不清晰

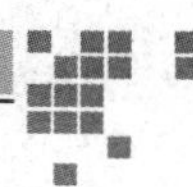

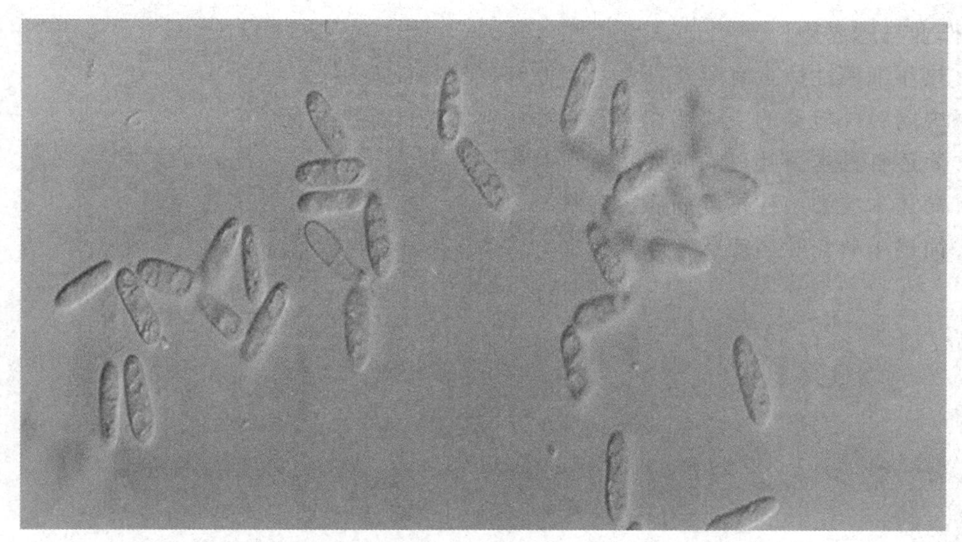

**图 8-6 胶孢炭疽菌(*Colletotrichum gloeosporioides*)的分生孢子**

(李增平摄)

的黄白色病斑,后期发展成褐色坏死斑。

**病原** 半知菌类,丝孢纲,丝孢目,粉孢属的木薯粉孢(*Odium manihotis* Henn.)。

**8. 木薯白斑病**

**症状** 在叶片出现多角形至圆形,黄褐色至红褐色病斑,后期变为白色,圆形病斑直径1～5 mm。病斑两面稍凹陷,边缘紫褐色,外围有黄晕。在潮湿情况下,病斑背面中央长出灰色霉状物。

**病原** 半知菌类,丝孢纲,丝孢目,尾孢属的加勒比尾孢(*Cercospora cahabae* Chopp et Cb.)。形成子座。分生孢子梗丛生,暗色,膝状,分生孢子透明至半透明,1～3 分隔。

**9. 木薯枯萎叶斑病**

**症状** 叶片呈现灰色水渍状斑,随后迅速扩大为坏死斑,可达叶片的1/5,病斑边缘无明显边界,但常引致叶脉坏死,致使叶片枯萎、脱落。在潮湿情况下,病斑背面出现灰褐色霉层。

**病原** 半知菌类,丝孢纲,丝孢目,尾孢属的维科斯(黏质)尾孢(*Cercospora vicosae* A. S. Mull. & Chupp)。不形成子座,有时分生孢子梗形成孢梗束。分生孢子梗暗红褐色,分生孢子圆柱形至倒棒形。

**10. 木薯草甘膦药害**

**症状** 叶片变小、裂叶呈丝状,新芽扭曲,丛生。

**病原** 误喷草甘膦于木薯的叶和芽上所致。

**【实验学时】**

3 学时。

【作业与思考题】

1. 热作细菌性病害有哪几种？其病原和症状特征如何？

2. 中国对外检疫的主要热作病害有哪些？其特征症状如何？

3. 简述各种木薯叶斑病的症状特点及异同。

4. 简述木薯细菌性枯萎病病害症状。

5. 简述木薯花叶病症状特点及传播方式。

# 实习教学

# 热带作物病理学实习须知

1. 进入实验室必须熟悉和遵守学校《学生实验守则》《实验室仪器设备和低值耐用品损坏、丢失赔偿规定》中的各项条款。

2. 每次实习前，要仔细预习《热带作物病理学实验实习指导》，明确实习目的与要求，了解实习内容和操作注意事项。带钢笔、HB和2B的绘图铅笔、直尺、橡皮擦、透明胶、实验报告纸、记录本等用具。认真听老师讲解及指导，按要求逐项细心观察和操作，遇突发事件要沉着冷静及时报告处理，切记不要惊慌，爱护仪器设备，节约材料，损坏物品要及时报告。

3. 遵守实习纪律，不迟到早退，田间诊断实践不准穿拖鞋，建议穿运动鞋或球鞋，穿长裤、长袖衣服，自带雨伞、饮用水和便携式背包；5～6人一组一起行动，不准单独行动，要特别注意安全和防护；未经许可，严禁乱采作物或踩踏作物，严格遵守野外防护规程，以确保安全。

4. 认真记录实习的结果，协作学习，绘图要抓住主要特征，按比例适当放大，精确绘制，要求线条清晰、粗细均匀、布局合理、美观大方。并在实习结束后将图纸以小组装订成册按时上交实习报告。

5. 实习结束后，将所用仪器填写到使用记录本上，并及时整理复原并放回原处；用具要洗干净并放回原处，把台面整理干净，物品摆放整齐。值日生负责把实验室打扫干净，清除垃圾，关好门窗及水电后方能离开。

6. 需要进一步培养观察的实习材料，应写好标签，注明实习项目、日期和试验人员姓名，妥善保管，以防混淆或丢失。

7. 实习结束后，分组抽签进行一次热带作物常见病害诊断考试，从70种热带作物常见病害中随机抽取25种病害进行考试。

## 热带作物病理学实习内容及时间安排

| 序号 | 实习内容 | 时间/天 | 实习地点 |
| --- | --- | --- | --- |
| 1 | 热带作物病害田间诊断实践 | 1 | 校园内外 |
| 2 | 热带作物病害室内病原鉴定 | 1 | 病理实验室 |
| 3 | 热带作物病害诊断实践考试 | 0.5 | 多媒体实验室 |

## 热带作物病理学实习教师指导及成绩评定

### 一、教师指导

1.由教师带队到田间,现场讲解常见热带作物病害的田间诊断知识并指导学生进行病害诊断实践。使学生掌握常见热带作物病害的田间诊断技能。

2.指导学生在室内利用采集的植物病害标本,通过挑、切、粘等方式制作成临时装片,在生物显微镜下进行病原物的形态观察,参考工具书进行室内病原鉴定。使学生掌握主要病原物的室内鉴定技能。

3.指导学生进行田间热带作物病害的病情调查,计算发病率等。使学生掌握重要热带作物病害的病情调查方法。

4.实习期间,要求学生诊断和鉴定 70 种以上的常见植物病害。

5.实习后期,进行一次常见热带作物病害病诊断考试,从重点掌握的 70 种热带作物病害中任选 25 种分组进行病害诊断考试,每组 20～25 人。

### 二、成绩评定

1.考勤占 20%。

2.实习报告等占 30%。

3.PPT 病害诊断考试占 50%。

每人识别 25 种病害,通过识图写出每一种病害的名称及病原种类,每一小项 2 分,每识别对一种病害得 4 分,识别对 25 种得 100 分,按 50%的比例记入实习成绩。

PPT 诊断考试考试安排:分 2～4 组进行,每组 25 人,每张幻灯片切换时间为 40 s,每组考试时间约为 18 min,由老师随机从 4 组幻灯片中抽签决定每组的考试试卷,每组考试的先后顺序由各班班长抽签决定后告知老师。

## 实习一

# 热带作物常见病害田间诊断实践

【实习目的】

通过对不同种类的热带作物进行田间病害调查,初步诊断所调查的病害,实践热带作物病害的调查方法、症状描述和诊断技能等。同时采集病害样本,为室内病原鉴定提供材料。

【材料和用具】

标本夹、吸水纸、塑料袋、纸袋、标签、铅笔、记号笔、小刀、小铲、枝剪、手锯、砍刀、采集篮、锄头等。

室内病原鉴定工具:挑针、剪刀、刀片、尖头镊子、小木板、小透明胶、酒精灯、火柴、载玻片、盖玻片、纱布、乳酚油、希尔液、胶头吸管、显微镜、擦镜纸、吸水纸等。

【内容及步骤】

**一、实习的内容和方式**

1. 由老师预先踩点,在校园内和周边地区了解植物病害发生情况,选择适宜的实习场所,分组带领学生到现场观察植物病害的发生情况。现场进行植物病害的诊断讲解,指导学生进行田间病害诊断实践,并指导学生采集植物病害标本,带回实验室内查阅相关病害资料进行室内病原鉴定,进一步实践并加强学生对热带作物病害诊断技能的理解和掌握。

2. 学生分组:学生按学号顺序每 5~6 人组成 1 个实习小组,每组选出 1 名小组长负责小组成员的管理和传达老师布置的实习任务,以及领取和归还实习工具。

3. 实习任务:每小组学生须采集和识别 70 种以上的热带植物病害。每人负责 12 种以上的植物病害症状描述。

**二、田间植物病害标本采集**

**植物病害标本采集注意事项**

①标本要求单一,且应尽量采集病征明显或症状典型的标本。

②所采集的标本应单独进行分装和编号,避免混杂污染,同时做好标签和记录。完整的记录与标签同样十分重要,标签上要写有寄主名称、采集日期与地点、采集者姓名等。无病征的植物菌物病害标本要洒入少量清水进行保湿,妥当保管,及时鉴定,防止腐烂和丢失。菌核等微小的标本应用小管和纸袋单独分装存放。

③对于典型的植物病害症状最好是先摄影然后再采集和分装保存。不能采集的植物病

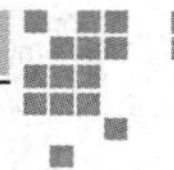

害标本,要做好症状描述和摄影,以便于室内查对及记录和描述病害症状。

④要紧密联系特定植物病害的发生条件、病原物的生物特性等进行植物病害标本的采集。如采集鞭毛菌类菌物病害,应在田间潮湿低洼的地方或易积水结露的部位寻找;寄生性种子植物应与寄主相联系,桑寄生主要寄生在橡胶树、苦楝、油梨、杨桃、白玉兰等双子叶木本植物上,独脚金主要寄生草坪草等单子叶植物,槲寄生类则在枫树、芸香科、楝科等木本植物的枝条上寄生;表现萎蔫的植株要连根挖出,有时还要连同根际的土壤等一同采集。对于粗大的树枝和植株,则宜砍取1片或锯取1段。有些野生植物上的病害症状很特殊,采集时一定要连同植株的枝叶或花一起采集,以便鉴定其寄主名称。

⑤典型植物病害标本的采集。菌物病害要尽量采集长有子实体的标本,叶斑类菌物病害应尽量采集症状典型的嫩叶,并结合采一部分中后期的老病叶,因为许多菌物病害的有性阶段的子实体大都在比较成熟的老叶病斑上才产生,特别是在枯死的枝叶上出现,而无性阶段子实体大多在活的植物组织上可以找到。柔软多汁的叶片或果实病害,则应采集新发病的叶片和幼果。病毒病应尽量采集顶梢与新叶。线虫病害标本应采病变组织,为害根部的线虫病害标本除采集病根外还应采集根围土壤。

【实习学时】

1天。

【作业与思考题】

1.简述植物病害标本采集的注意事项。

2.标本采集时,为什么要尽可能地采集有病征的标本?

## 实习二

# 热带作物常见侵染性病害病原室内鉴定实践

【实习目的】

通过对不同种类的热带作物病害样本的症状观察，采用与之相适应的病原鉴定技术观察确定病原种类，绘制菌物病害、细菌病害、线虫病害、藻斑病等病原形态简图，实践室内病原鉴定技能。

【材料和用具】

挑针、剪刀、刀片、尖头镊子、小木板、小透明胶、酒精灯、火柴、载玻片、盖玻片、纱布、乳酚油、希尔液、胶头吸管、显微镜、擦镜纸、吸水纸等。

【内容及步骤】

### 一、实习的内容和方式

1. 学生在实习前借阅有关热带作物病害的原色图谱和相关病害症状、病原的书籍资料，用于室内病原鉴定作参考。

2. 学生分组：学生按学号顺序每 5～6 人组成 1 个实习小组，每组选出 1 名小组长负责小组成员的管理和传达老师布置的实习任务，以及领取和归还实习工具。

3. 实习任务：每小组学生须诊断和鉴定 70 种以上的热带植物病害。每人负责 12 种以上的植物病害症状描述及室内病原初步鉴定及绘图。采取协作学习方式，小组成员内部互相交流，互帮互助，熟悉小组内采集记录的全部 70 种以上的热带作物病害。

### 二、热带作物病害的室内病原鉴定

学生将所采集的植物病害标本带回实验室，采用挑、刮、粘、切等临时制片技术，以水为浮载剂制作临时装片，进行病原物的室内鉴定。菌物病害观察病原物形态并绘图，细菌病害观察喷菌现象，病毒病害观察内含体，线虫病害观察寄生线虫形态并绘图，寄生性植物病害观察寄生植物形态，所有植物病害仔细观察病害症状，结合病原物特征，查阅各类植物病害诊断图谱和相关参考资料进行植物病害的确诊，同时记录并描述所观察到的病害症状，小组成员间相互交流学习，最后整理成实习报告上交。

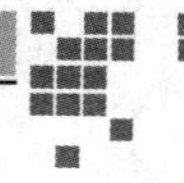

## 三、临时玻片制作技术

### (一)浮载剂

制作临时玻片都要使用浮载剂，浮载剂的作用是集中光线和防止材料干燥，以利于显微镜下观察。最常用的浮载剂是水、希尔液和乳酚油，其次是甘油、甘油明胶剂等。

#### 1. 水

洁净的自来水或蒸馏水是常用的浮载剂，使用最为方便。对细菌、真菌孢子等无不良影响。观察细菌的喷菌现象、根结内的线虫、真菌孢子萌发等都必须用水作浮载剂。测量真菌菌丝直径和真菌孢子大小时也用水作浮载剂为好。但是用水作浮载剂制片时较易形成气泡，制成的玻片也容易干燥而不能保存较长时间。

#### 2. 乳酚油

乳酚油长期以来一直是真菌学和植物病理学工作者习惯使用的浮载剂。乳酚油的配方如下：

苯酚结晶(加热熔化)20 mL，乳酸 20 mL，甘油 40 mL，蒸馏水 20 mL。

配制时将各种成分混匀成油状黏稠液体，其具有杀死和固定病原物的作用，可使干瘪的真菌孢子膨胀复原，还可使病组织变得略微透明。

在乳酚油中加入 0.05%～0.1%的染料制成棉蓝乳酚油、藏红乳酚油等，还能使无色的病原菌菌丝或孢子略微着色，更利于观察。用乳酚油制作的玻片可保存几天或更久而不会干燥，其缺点是会使病原菌的原生质发生收缩，而且它的折射率与菌物菌丝及孢子很相近，因此在乳酚油玻片中，很难精确测量病原物的大小，不宜在测定菌物孢子大小时使用。另外，乳酚油还会与许多封固剂发生反应，盖玻片也易滑动，不易封固。

#### 3. 希尔液(Shear 液)

希尔液配方如下：

2%醋酸钾水溶液 300 mL，甘油 120 mL，酒精 180 mL。

#### 4. 3%的氢氧化钾液

用 3%的氢氧化钾水溶液作浮载剂，可使干燥的真菌菌丝和孢子重新膨胀，因而可用于观察干标本。如伞菌目、非褶菌目等担子菌的干燥担子果可用此法制片观察其担孢子和菌丝形态。

### (二)临时玻片标本的制作方法

临时玻片标本制作方法很多，有撕、粘、挑、刮、涂和徒手切片等，可以根据病原物的类型选择使用。

#### 1. 撕取法

用尖头镊子小心撕下病部表皮或表皮毛制成临时装片。此法用于观察生长在寄主或基物表面的菌物菌丝和孢子，寄生表皮细胞内的菌物菌丝、吸器和休眠孢子囊堆，表皮毛细胞内的病毒病的内含体等。如番茄、烟草、瓜类的白粉病和病毒病等。

#### 2. 粘贴法

将小的透明塑料胶带剪成长 1 cm 左右的小块，使胶面朝下贴在病部，用镊子轻按一下后揭下制成装片。粘贴法用于菌物的菌丝或子实体着生于病组织或基物表面的材料的制片，如植物的白粉病、霜霉病、煤烟病、煤霉病等病害可用粘贴法制片，特别适用于观察分生孢子（或孢子囊）在分生孢子梗（或孢子囊梗）上的着生情况。

**3. 挑取法**

挑取法是直接用经酒精灯火焰灼烧灭菌冷却后的挑针或接种针，从病组织或基物（如培养基）上挑取其表面生长的霉状物、粉状物或孢子团制成装片。也可以先将埋生或半埋生的菌物子实体（如子座、分生孢子器、子囊壳等）连同部分病组织一同放在载玻片上，再用挑针将病菌子实体剥离出来制片。

**4. 刮取法**

对于病斑上霉状物稀少，用放大镜也不能分辨霉状物存在的植物病害标本，可采用经酒精灯火焰灼烧灭菌并冷却的刀片刀尖部分，蘸少许浮载剂，在病斑上朝同一方向刮取 2～3 次，并将刮取物浸沾在载玻片上的一小滴浮载剂中，盖上盖玻片制片观察。注意载玻片上的浮载剂不宜太多，否则盖盖玻片后，本来就很少量的病原物极易在浮载剂中分散并漂流到盖玻片的边缘，不利于镜检观察。

**5. 涂片法**

对于细菌和黑粉菌的厚垣孢子等，可采用涂片法制作装片，涂片必须用新的、洁净的载玻片。细菌经涂片后，需先在火焰上固定后，再染色封藏。黑粉菌的厚垣孢子涂片后可直接封藏镜检。

**6. 徒手切片**

徒手切片是日常制作临时玻片时最常用的一种方法，是植物病理学工作者必须掌握的基本技能之一。徒手切片获得的是病组织及病原物的剖面薄片，因而能够观察着生于寄主表面的病原物形态，也能够观察寄主组织内部的病原物。如寄主薄壁细胞内的细菌、埋生于寄主组织内的菌物子实体结构等。此外，徒手切片还可以用来观察和研究寄主组织的病理变化情况。如分期或分段取病组织材料做徒手切片，能够观察病原物的侵染过程、病原物在寄主组织内的扩展情况，以及寄主组织本身的病理反应和变化等。

①直接徒手切片操作要点：选取病状典型、具有明显小黑点等病征的病组织材料（冬孢子堆、子座、分生孢子盘、分生孢子器、子囊果、性孢子器、锈孢子器等）进行徒手切片，先在病健交界处切取小块病组织（长 5～8 mm，宽 3～5 mm），放在小木块上，用食指轻轻压住，随着手指慢慢地后退，用刀片将压住的病组织小块切成很薄的丝或片，切下的薄片可用尖头镊子移入载玻片上的浮载剂中直接制成装片，也可先移入盛有清水的培养皿中，用挑针或镊子选取薄而合适的材料，再放在载玻片上的浮载剂液滴中央，盖上盖玻片，擦去溢出的多余浮载剂，制成临时玻片标本。病材料较粗大坚硬的，可用手指捏紧后用锋利的剃刀或单面刀片切片。

②夹持徒手切片操作要点：对于较小而柔软的病组织材料，可先将绿色未成熟的新鲜番木瓜、莴苣嫩茎、葫芦瓜、胡萝卜或马铃薯块茎等切成长 5～8 cm，截面宽 5～8 mm 的条状夹持物，在夹持物的顶端中间纵切一条深约 1cm 的裂缝，再将材料夹在夹持物的裂缝中间，连

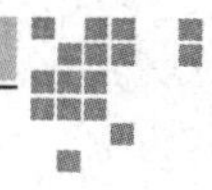

同夹持物一起切成薄片。

切片时以左手食指和拇指捏住夹持物，中指顶住夹持物下端，使夹持物突出手指以上2～3 mm，右手握稳刀，刀口必须与夹持物顶面垂直，从左向右斜向连刀切割。切割时先修平夹持物的顶端，并用刀片沾水湿润，双手要离开身体，用臂力而非用腕力均匀地沿刀口斜向身体的右后侧快速拉动刀片，连续切割4～5片后，将刀片上切下的材料浸入盛有清水的培养皿中，重复切割3～5次后，放下夹持物和刀片。用挑针或镊子从漂浮在培养皿内的切片中选取薄而合适的病组织切片，放在载玻片上的浮载剂液滴中央，盖上盖玻片，擦去溢出的多余浮载剂制成临时玻片标本进行镜检。

病组织材料很干燥时，为防止切片时发生破碎，可先沾少量水湿润软化后再切。

徒手切片制成的装片可保持寄主组织和病原物原有的色泽，还可以观察病组织和病原物的解剖结构。熟练的操作可切得非常好的切片，而且非常方便，切片经脱水封藏后，再用树脂、指甲油等封固剂封固可以作为永久玻片保存。

徒手切片的材料可放在FAA固定液(50%或70%的乙醇90 mL+冰醋酸5 mL+福尔马林5 mL，幼嫩、柔软的材料用50%乙醇，坚硬的材料用70%的乙醇)中固定20 min，取出后用清水浸洗20 min或稍长，再用0.05%～0.1%的棉蓝乳酚油染色10～15 min，最后用加拿大树胶封固制成装片。此法可清晰观察到菌物细胞中的原生质、孢子和菌丝的隔膜，且步骤简便，对材料损害较少。

**(二)临时玻片标本的组织透明法**

为了观察病菌侵入寄主组织内的细菌菌体，菌物的菌丝、吸器、子实体等，可对病组织进行透明处理后，再制成装片进行镜检观察，可以观察到病原物在寄主内的原生状态。

**1. 水合氯醛透明法**

水合氯醛是效果较好的、最常用的透明剂。透明病叶，观察病叶表面和内部的病原菌，其步骤如下：

①固定：将小块病叶放入95%乙醇与等量的冰醋酸混合液中浸泡固定24 h。

②透明：取出经固定的材料，移入饱和的水合氯醛水溶液(水合氯醛10 g，水4 mL)中，进行透明。

③染色：用0.01%～0.05%棉蓝(苯胺蓝)水溶液染色经过透明的材料，材料染色好后取出用清水洗净。

④封藏：处理好的材料用甘油封藏镜检，或经甘油脱水后用甘油明胶封藏。

**2. 乳酚油透明法**

取小块病组织浸泡在乳酚油内煮30 min，材料透明后取出制片。如病原物结构无色时，还可加棉蓝或酸性品红等染料染色。少量病组织材料可以放在载玻片上，滴加乳酚油后在酒精灯上徐徐加热至蒸气出现。如此处理数次，待组织透明后加盖玻片进行镜检。

**3. 吡啶透明法**

幼嫩的病叶可切成小块浸泡在10～20 mL的吡啶中，并定时更换吡啶数次，大约经过1 h即可透明。再用0.05%～0.1%的棉蓝乳酚油染色10～15 min，最后用加拿大树胶封固制成装片。玉米、小麦、棉花、黄瓜、白菜、烟草、萝卜、番茄等菌物病害材料用此法透明都有

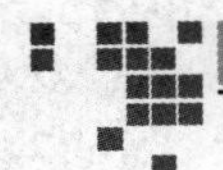


很好的效果。

【实习学时】

1天。

【作业与思考题】

1. 简述植物病害病原鉴定时临时玻片标本制作方法有哪些。

2. 简述徒手切片的操作要点。

3. 每小组学生采集和识别70种以上的热带作物病害，其中每人负责12种以上的植物病害症状描述和室内病原初步鉴定，并绘制病原物简图。

# 附 录

## ■ 附录一 ■
# 橡胶树白粉病测报技术

橡胶树白粉病测报技术主要参照《橡胶树白粉病测报技术规程》(NY/T 1089—2015)执行。

## 一、测报网点的建设和管理

### 1. 监测站建设和管理

各省(自治区、直辖市)的橡胶生产主管部门为监测站的业务主管部门。在其橡胶树主栽区内的每个市(县)建 1 个监测站,每个监测站选定 3 个以上的监测点,配备相应的人员和设备,定期观察,并将结果整理上报。

### 2. 固定观察点设置和管理

每个监测站设置 2 个或 2 个以上固定观察点,固定观察点需要选择在地形地貌、小气候、橡胶树品系、长势等方面具有代表性的林段。每个固定观察点的橡胶树在 220 株以上,从中选择 100 株编号进行橡胶树白粉病病情观察。

固定观察点内设置一定面积的橡胶树作为空白对照,不进行白粉病防治,以便调查计算观察点的防治效果。

## 二、测报数据采集和统计方法

### 1. 橡胶树物候状态调查和统计

#### (1)橡胶树越冬落叶情况调查

调查时间:在固定观察点,当橡胶树约有 5%的植株进入抽芽期时进行 1 次越冬落叶的调查。

调查方法及数据收集:根据橡胶树落叶分级标准(表 1),目测观察已编号的每株橡胶树的落叶情况,记录每株树的落叶级别,填入橡胶树物候记录表(表 2)“落叶株数”栏目中。

落叶指数的统计:橡胶树落叶程度用落叶指数评价。

$$\text{橡胶树落叶指数} = \frac{\sum(\text{各落叶级别株数} \times \text{落叶级值})}{\text{调查总株数} \times 4} \times 100\%$$

落叶程度划分：当固定观察点的橡胶树约有5％的植株进入抽芽期时进行调查。落叶类型划分标准见表3。

**(2)橡胶树抽叶物候调查**

调查时间：在固定观察点，橡胶树约有5％的植株进入抽芽期时开始进行橡胶树抽叶量调查，每隔3～4天调查1次，直至该固定观察点橡胶树植株有75％进入老化期时为止。

调查方法及数据收集：根据橡胶树的抽叶量分级标准(表4)，对固定观察点中已编号的每株橡胶树进行目测，记录每株树的抽叶级别，调查结果填入橡胶树物候记录表(表2)“抽叶株数”栏目中。

抽叶情况的统计：橡胶树抽叶情况用抽叶率评价。

$$抽叶率=\frac{抽叶量达1级及1级以上的植株数之和}{总调查株数}\times 100\%$$

将表2中的相关数据代入公式，计算抽叶率。

**表1　橡胶树的落叶分级标准**

| 落叶级别 | 衰老脱落或已经变黄的叶片占整株叶片的百分率($x$) |
|---|---|
| 0级 | $x<3\%$ |
| 1级 | $3\%\leqslant x<25\%$ |
| 2级 | $25\%\leqslant x<50\%$ |
| 3级 | $50\%\leqslant x<75\%$ |
| 4级 | $x\geqslant 75\%$ |

**表2　橡胶树的物候记录表**

林段名称：　　　　　　　　　　调查日期：

| 落叶级别 | 落叶株数/株 | 抽叶级别 | 抽叶株数/株 |
|---|---|---|---|
| 0级 | | 1级 | |
| 1级 | | 2级 | |
| 2级 | | 3级 | |
| 3级 | | 4级 | |
| 4级 | | | |
| 落叶指数/％ | | 抽叶率/％ | |

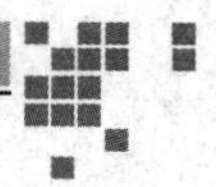

表 3 橡胶树的落叶类型的划分标准

| 落叶类型 | 落叶指数($x$)/% |
|---|---|
| 落叶极彻底 | $x \geqslant 99$ |
| 落叶彻底 | $99 > x \geqslant 90$ |
| 落叶不彻底 | $90 > x \geqslant 80$ |
| 落叶极不彻底 | $x < 80$ |

表 4 橡胶树的抽叶物候分级标准

| 抽叶级别 | 抽叶物候 |
|---|---|
| 1 级 | 大多数枝条处于抽芽阶段(芽长 1 cm 左右至小叶张开前) |
| 2 级 | 大多数叶片为古铜色 |
| 3 级 | 大多数叶片为淡绿色,叶质柔软下垂 |
| 4 级 | 大多数新生的叶片已老化,其小叶挺伸硬化,具有光泽 |

**2. 越冬菌量的调查和统计**

越冬菌量主要指冬春季节萌动长新叶期间,残存在橡胶树树冠上的正常老叶和越冬期仍处于嫩叶阶段的枝条上的白粉病菌数量。调查越冬菌量需要分别调查和统计越冬老叶病情和冬嫩梢病情。

**(1)越冬老叶病情调查和统计**

调查时间:当固定观察点的橡胶树约有 5%的植株进入抽芽期时调查 1 次。

越冬老叶病情调查方法:在固定观察点中,从已编号的橡胶树中随机选取 20 株,分别在树冠对称方向随机钩取两蓬老叶,从每蓬叶随机摘取 5 片复叶中间的 1 片小叶,共 200 片叶。观察叶片是否有白粉病的老叶癣状斑。

越冬老叶发病率的统计:对采集的 200 片叶统计有病叶片数和无病叶片数,调查结果填入表 5。根据以下公式计算越冬老叶发病率。

$$越冬老叶发病率=\frac{有病叶片数}{总调查叶片数}\times 100\%$$

表 5 橡胶树白粉病越冬菌量调查和统计表

监测站名称: 固定观察点编号: 调查人: 调查日期:

| 调查内容 | | 调查结果 |
|---|---|---|
| 越冬老叶病情 | 调查叶片总数 | |
| | 有病叶片数[a] | |
| | 越冬老叶发病率/% | |
| 冬嫩梢病情 | 50 株树的嫩梢条数 | |
| | 有白粉病的中间小叶数[a] | |
| | 调查的中间小叶总数 | |
| | 冬嫩梢发病率/% | |

[a] 只将有新鲜的白粉病病斑的叶片归入病叶,已经稳定的有褐斑的叶片归入健康叶

**(2)冬嫩梢数量调查方法及发病率计算**

冬嫩梢数量调查方法:在固定观察点随机选取 50 株橡胶树,调查并记录树冠上所有的冬嫩梢条数。如果冬嫩梢条数少于或等于 10 条,则用高枝剪全部剪取;如果冬嫩梢多于 10 条,则从中随机剪取 10 条。将所有冬嫩梢的中间小叶摘下,观察叶片是否有白粉病,填入表 5,并按下列公式计算冬嫩梢发病率。

$$冬嫩梢发病率=\frac{有病叶片数}{总调查叶片数}\times 100\%$$

**(3)越冬菌量计算**

越冬菌量根据上述调查的越冬老叶病情和冬嫩梢病情进行统计,并按照下列公式计算。

越冬菌量=(1-落叶指数)×越冬老叶发病率+50×50 株树的冬嫩梢总数×冬嫩梢发病率

**3. 新抽叶片病情调查和统计**

**(1)叶片病情调查和统计**

调查时间:当固定观察点的橡胶树约有 5%的植株进入古铜期时开始调查,直至 75%植株叶老化为止,每隔 3~4 天调查 1 次。

叶片病情调查取样方法:在固定观察点随机选取 20 株橡胶树,每株树冠上对称方向随机剪取 20 蓬叶,每蓬叶从下往上取 5 片复叶的中间小叶,共取 100 片中间小叶。

病情分级和病情指数计算:根据表 6 中橡胶树白粉病病情分级标准,对所采集的 100 片中间小叶进行病情分级,按照公式计算病情指数和发病率,调查结果记入表 7。

$$病情指数=\frac{\sum(各级值\times 相应级叶片数)}{最高级值\times 总叶数}\times 100$$

$$发病率=\frac{有病叶片数}{总调查叶片数}\times 100\%$$

**表 6 橡胶树叶片病情分级**

| 病害级值 | 白粉病病斑面积占叶片面积的比例($x$) |
|---|---|
| 0 | 整张叶片无白粉病病斑 |
| 1 | $0<x<1/20$ |
| 3 | $1/20\leqslant x<1/16$ |
| 5 | $1/16\leqslant x<1/8$ |
| 7 | $1/8\leqslant x<1/4$ |
| 9 | $x\geqslant 1/4$ |

注:叶片病斑双面重叠只计 1 面

表 7 橡胶树白粉病病情调查记录表

监测站名称： 固定观察点编号： 调查人： 调查日期：

| 病害级别 | 叶片数/片 |
|---|---|
| 0 级 | |
| 1 级 | |
| 3 级 | |
| 5 级 | |
| 7 级 | |
| 9 级 | |
| 总叶片 | 100 |
| 发病率/% | |
| 病情指数 | |

**(2)整株病情调查和统计**

调查时间：当固定观察点的橡胶树植株叶片全部进入老化期时调查 1 次。

调查方法：根据橡胶树整株病情分级标准(表 8)，目测观察所有编号植株的白粉病病情。根据公式计算整株病情指数。调查结果记入表 9。

$$整株病情指数 = \frac{\sum(各级值 \times 相应级株数)}{(调查总株数 \times 9)} \times 100$$

表 8 橡胶树整株病情分级

| 病害级值 | 白粉病病叶占树冠上叶片的比例($x$) |
|---|---|
| 0 | $x<1\%$ |
| 1 | $1\% \leqslant x<5\%$ |
| 3 | $5\% \leqslant x<10\%$ |
| 5 | $10\% \leqslant x<20\%$，新抽叶片零星脱落 |
| 7 | $20\% \leqslant x<50\%$，多数叶片皱缩，新抽叶片多数脱落 |
| 9 | $x \geqslant 50\%$，大部分新抽叶片脱落，树冠上有许多因病落叶而光秃的枝条 |

表 9 橡胶树整株病情调查记录表

监测站名称： 固定观察点编号： 调查人： 调查日期：

| 病害级别 | 植株数/株 |
|---|---|
| 0 级 | |
| 1 级 | |
| 3 级 | |
| 5 级 | |
| 7 级 | |
| 9 级 | |
| 病情指数 | |

**4. 空中孢子捕捉方法和计算**

从橡胶树抽芽率5%开始，到第一次橡胶树白粉病防治施药期间进行。将孢子捕捉器安装在固定观察点的橡胶树林段边缘，高度达该林段的橡胶树树冠中部。每天在14:00和16:00将涂抹有凡士林的载玻片置于孢子捕捉器中，开机捕捉孢子，机器转动10 min后取出载玻片，在生物显微镜下检查并记录每个视野中的橡胶树白粉菌的孢子个数，统计每片载玻片上的孢子个数。取每天2次的观察结果计算平均值。如果遇上大风和下雨等异常天气，可提前或推后1～2 h进行孢子收集。

**5. 气象资料收集和统计**

监测站应系统收集当地橡胶树白粉病流行期间的气象资料，包括日最高温、日最低温、日平均温、日平均相对湿度和日降水量等。如果所在地附近有气象观测站，可利用该气象观测站的气象数据。否则，应按照气象部门的标准方法和度量观察记录所需气象资料。

## 三、橡胶树白粉病短期测报

**1. 总发病率法**

调查时间：从5%橡胶树植株抽芽时开始到75%植株新叶老化时止，每隔3～4天调查1次白粉病病情和橡胶树物候。

调查方法：按橡胶树各抽叶物候比例，用高枝剪在固定观察点中剪取不同物候期的新叶40蓬。例如，物候比例为古铜∶淡绿∶老化=5∶4∶1，则剪取的叶片为古铜叶20蓬、淡绿叶16蓬、老化叶4蓬。剪下叶蓬后，从每蓬叶中随机摘取顶端展开的5片复叶的中间1片小叶，共200片，逐片观察有无白粉病病斑，统计叶片发病率。

$$总发病率=发病率\times抽叶率\times100\%$$

防治指标：根据表10中所列的判断条件和相应的防治方法，指导田间防治。

表10 橡胶树白粉病总发病率法短期预测表

| 判断序号 | 判断条件 | | | 预测 |
|---|---|---|---|---|
| | 总发病率 $x$/% | 抽叶率 $N$/% | 其他条件 | |
| 1 | $3<x\leqslant5$ | $N\leqslant20$ | 无低温阴雨或冷空气 | 在4天内对固定观察点代表区内橡胶林段全面喷药 |
| | | $20<N\leqslant50$ | 无低温阴雨或冷空气 | 在3天内对固定观察点代表区内橡胶林段全面喷药 |
| | | $50<N\leqslant85$ | 无低温阴雨或冷空气 | 在5天内对固定观察点代表区内橡胶林段全面喷药 |
| 2 | $x\leqslant3$ | $N\geqslant86$ | 无低温阴雨或冷空气 | 不用全面喷药，但3天内对固定观察点代表区内物候进程较晚的橡胶树进行局部喷药 |

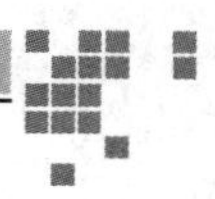

续表 10

| 判断序号 | 判断条件 | | | 预测 |
|---|---|---|---|---|
| | 总发病率 $x$/% | 抽叶率 $N$/% | 其他条件 | |
| 3 | / | / | 无低温阴雨或冷空气;第一次或第二次全面喷药 8 天后;进入老化期植株比例≤50% | 在 4 天内对固定观察点代表区内橡胶林段再次全面喷药 |
| 4 | $x$≥20 | / | 进入老化期植株比例≥60% | 在 4 天内对固定观察点代表区内物候进程较晚的橡胶树局部喷药 |
| 5 | / | / | 中期测报结果为特大流行的年份 | 在判断序号 1～3 的判断结果基础上提早 1 天喷药 |
| 6 | / | / | 防治药剂为粉锈宁 | 在判断序号 1～4 的判断结果基础上提早 1～2 天喷药 |

注:序号 1～5 均以硫黄粉为防治药剂

**2. 嫩叶病率法**

调查时间和调查方法同总发病率法,但在采叶调查病情时,只采古铜叶和淡绿叶。

防治指标:根据表 11 中所列的判断条件和相应的防治方法,指导田间防治。

**表 11　橡胶树白粉病嫩叶病率法短期预测表**

| 判断条件 | | 预测 |
|---|---|---|
| 物候 | 嫩叶发病率/% | |
| 抽叶率≤30% | ≥20 | 不用全面喷药,但 2 天内对固定观察点代表区内物候进程较晚的橡胶树局部喷药 |
| 30%<抽叶率≤50% | ≥20 | 在 2 天内对固定观察点代表区内橡胶林段全面喷药 |
| 抽叶率>50%,老化期植株≤40% | ≥25 | |
| 40%<老化期植株≤70% | ≥50 | |
| 老化期植株>70% | / | 不用全面喷药,但 2 天内对固定观察点代表区内物候进程较晚的橡胶树局部喷药 |
| 前一次喷药后第 8 天再次调查,根据调查结果,根据序号 1～5 再次判断。直至橡胶树老化植株比例达到 90%为止 | | |

**3. 病情指数法**

调查时间:当固定观察点的橡胶树植株抽叶率达到 20%时,每隔 3～4 天调查 1 次白粉病病情和橡胶树物候,直至第一次全面喷药时止。

调查方法:与前述“叶片病情调查取样方法”同,调查固定观察点内编号的橡胶树的病情和物候。

$$病情指数 = \frac{\sum(各级值 \times 相应级叶片数)}{最高级值 \times 总叶数} \times 100$$

防治指标：根据表 12 中所列的判断条件和相应的防治方法，指导田间防治。

**表 12　橡胶树白粉病病情指数法短期预测**

| 判断条件 | | 预测 |
|---|---|---|
| 物候状态 | 病情指数 | |
| 古铜期的植株占大多数 | ≥1 | 在 2～3 天内第一次全面喷药 |
| 淡绿期的植株占大多数 | ≥4 | 在 2～3 天内第一次全面喷药 |
| 老化期的植株占大多数，但老化期植株≤70% | / | 不用全面喷药，视天气和病情对林段中物候进程较晚的植株进行局部喷药 |
| 第一次全面喷药后 7 天调查结果仍然满足判断序号 1～2 的物候和病情条件 | | 在 2～3 天内第二次全面喷药 |
| 前一次全面喷药后 7 天调查结果仍然满足判断序号 1～2 的物候和病情条件 | | 在 2～3 天内再次全面喷药 |

**4. 孢子捕捉法**

调查时间和调查方法见前述“空中孢子捕捉方法和计算”部分。根据收集观察到的孢子数量按表 13 的判断标准进行预报，指导防治。

**表 13　橡胶树白粉病孢子捕捉法短期预测表**

| 判断序号 | 判断条件 | | 预测 |
|---|---|---|---|
| | 每玻片上孢子数量达到 8 个以上时橡胶林段所处的物候 | 其他条件 | |
| 1 | 古铜期的植株占大多数 | / | 在 3～5 天后对固定观察点代表区内橡胶林段第一次全面喷药 |
| 2 | 淡绿期的植株占大多数 | / | 在 5～7 天后对固定观察点代表区内橡胶林段第一次全面喷药 |
| 3 | 老化期植株≥70% | 第一次喷药后 7～9 天 | 在 2～3 天内对固定观察点代表区内橡胶林段第二次全面喷药 |
| 4 | 老化期植株≥70% | 第一次喷药后 7～9 天；未来 3 天的天气预报日平均温度≤24 ℃ | 不用全面喷药，但 2 天内对固定观察点代表区内物候进程较晚的橡胶局部喷药 |
| 5 | 老化期植株≥70% | 第一次喷药后 7～9 天；未来 3 天的天气预报日平均温度>24 ℃ | 不用喷药 |

**5.病害始见期法**

调查时间:在固定观察点,从5%橡胶树植株抽芽开始,每3~4天调查1次。

调查方法:与"叶片病情调查取样方法"相同,调查固定观察点内编号橡胶树的病情和物候。

防治指标:若病害始见期在抽叶率达70%以前出现,病害将严重或中度流行。建议根据病害上升速度,在病害始见期出现后9~13天进行第一次全面喷药防治。

**6.短期预测方法的选择**

根据当地的植胶小环境、人力、设备等实际情况,从以上短期测报方法中选择适用的短期测报方法。

## 四、橡胶树白粉病中期预测

根据我国不同植胶区白粉病多年来的发病情况,依据天气预报对当年橡胶树白粉病的流行做出判断。其中海南和广东植胶区根据表14预测,云南植胶区根据表15预测,判断当年橡胶树白粉病是否会流行。

**表14 海南和广东植胶区橡胶树白粉病流行趋势预测表**

| 序号 | 流行因素 | 预测 |
| --- | --- | --- |
| 1 | 从1月中下旬开始至2月中旬,平均温度>17 ℃ | 可能会流行,但是否流行取决于后续的天气、橡胶的物候进程和越冬菌量大小 |
| 2 | 从1月中下旬开始至2月中旬,平均温度>17 ℃。且橡胶树在2月中旬以前抽芽,抽芽参差不齐,抽芽率在5%左右时越冬落叶指数<60% | 重病或大流行 |
| 3 | 在病害易发区,抽芽率在5%左右时越冬落叶指数<60%,且越冬老叶发病率>0.1%,病害始见期出现在胶树未展开的小古铜叶期 | 重病或大流行 |
| 4 | 从1月中下旬开始至2月中旬,平均温度>17 ℃。且气象预报2月下旬至3月中旬平均温度18~21℃或期间有12天以上的冷空气影响,平均温度12~20℃,极端低温>8℃ | 重病或大流行 |
| 5 | 海南省西部、中部、北部及广东省粤西地区,除参考上述指标外,2月下旬至4月上旬预报有18天以上的冷空气天气影响,平均温度12~20℃,极端低温>8℃ | 重病或大流行 |

表 15 云南植胶区橡胶树白粉病流行趋势预测表

<table>
<tr><th colspan="3">嫩叶期温度条件</th><th rowspan="2">抽叶整齐度</th><th rowspan="2">预测</th></tr>
<tr><th>抽芽至古铜叶期</th><th>变色期</th><th>淡绿叶期至老化<br>叶量 90%以上</th></tr>
<tr><td rowspan="12">最高温由 30℃左右持续上升到 32℃以上;或最低温 10℃以下,最高温多为 29℃以上或最高温多为 30～32℃</td><td rowspan="3">最高温由 32℃左右持续上升到 33℃以上;或出现 3～5 天最高温 29℃以下天气,以后最高温又迅速回升到 32℃以上</td><td>最高温由 32℃左右持续上升到 33℃以上</td><td>整齐或不整齐</td><td>轻度流行</td></tr>
<tr><td>最高温 30～36℃,多为 33℃以上</td><td>整齐或不整齐</td><td>中度流行</td></tr>
<tr><td>最高温多为 32℃以下</td><td>整齐或不整齐</td><td>特大流行</td></tr>
<tr><td rowspan="6">古铜叶盛期至变色期持续出现 3～5 天最高温 29℃以下天气,后迅速回升到 32℃以上;最高温多为 30～32℃</td><td rowspan="2">最高温由 32℃迅速回升到 34℃以上;或最高温 31～36℃,多为 33℃以上</td><td>整齐</td><td>中度流行</td></tr>
<tr><td>不整齐</td><td>大流行</td></tr>
<tr><td>最高温 30～36℃,多为 33℃左右</td><td>整齐或不整齐</td><td>大流行</td></tr>
<tr><td>最高温多为 33℃以下</td><td>整齐或不整齐</td><td>特大流行</td></tr>
<tr><td rowspan="2">最高温回升到 33℃以上后又出现 2～3 天最高温 32℃以下天气</td><td>整齐</td><td>中度流行</td></tr>
<tr><td>不整齐</td><td>大流行</td></tr>
<tr><td rowspan="3">最高温多为 29℃以下</td><td rowspan="2">最高温多持续在 34℃以上</td><td>整齐</td><td>中度流行</td></tr>
<tr><td>不整齐</td><td>大流行</td></tr>
<tr><td>最高温多为 34℃以下</td><td>整齐或不整齐</td><td>特大流行</td></tr>
<tr><td rowspan="7">最高温多为 29℃以下,最低温多为 10℃以上</td><td rowspan="3">最高温多为 32℃以上</td><td>最高温多持续在 34℃以上</td><td>整齐或不整齐</td><td>中度流行</td></tr>
<tr><td>最高温升到 33℃以上后又出现 2～3 天低于 32℃天气</td><td>整齐或不整齐</td><td>大流行</td></tr>
<tr><td>最高温多为 32℃以下</td><td>整齐或不整齐</td><td>特大流行</td></tr>
<tr><td rowspan="2">最高温多为 32℃以下</td><td>最高温多为 33℃以上</td><td>整齐或不整齐</td><td>特大流行</td></tr>
<tr><td>最高温多为 33℃以下</td><td>整齐或不整齐</td><td>特大流行</td></tr>
<tr><td rowspan="2">最高温多为 29℃以下</td><td>最高温多为 33℃以上</td><td>整齐或不整齐</td><td>特大流行</td></tr>
<tr><td>最高温多为 33℃以下</td><td>整齐或不整齐</td><td>特大流行</td></tr>
</table>

## 五、流行强度划分

根据整株病情指数,按表 16 的橡胶树白粉病流行强度划分标准,将橡胶树白粉病流行强度划分为 4 个等级。

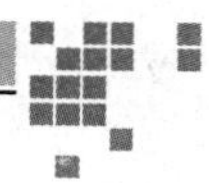

表 16　橡胶树白粉病流行强度划分

| 整株病情指数($x$) | 流行强度 |
| --- | --- |
| $x<20\%$ | 轻度流行 |
| $x\geqslant20\%\sim x<40\%$ | 中度流行 |
| $x\geqslant40\%\sim x<60\%$ | 大流行 |
| $x\geqslant60\%$ | 特大流行 |

## 六、流行区类型划分

根据历年来橡胶树白粉病的发生、流行强度，我国橡胶树植胶区可划分为 3 类橡胶树白粉病流行区(表 17)。

表 17　橡胶树白粉病流行区划分

| 流行情况 | 流行区的类型 | 主要包括的地区 |
| --- | --- | --- |
| 多数年份轻病，个别年份重病 | 病害偶发区 | 海南西部、东北部文昌、海口及粤西徐闻、阳江、阳春等地 |
| 多数年份病情中等，个别年份重病或者轻病 | 病害易发区 | 海南万宁、琼海、定安，粤西化州、高州、电白等地以及广西陆川和钦州等地区 |
| 病害流行频率高，多数年份重病 | 病害常发区 | 海南三亚、保亭、陵水、乐东、琼中，云南西双版纳、普洱、河口等地区 |

## 七、预报结果上报和发布

各监测点按时收集固定观察点的相关数据，及时将数据整理报送监测总站，由监测总站将橡胶树白粉病的预测结果整理成预测报告后，报送上级业务主管部门，由上级主管部门审核后向辖区内的生产部门发布。

# 附录二 橡胶树炭疽病抗病性鉴定

橡胶树炭疽病抗病性鉴定参照《热带作物种质资源抗病虫鉴定技术规程　橡胶树炭疽病》(NY/T 3197—2018)执行。

## 一、接种体的制备

### 1. 橡胶树炭疽病病原菌种类

橡胶树炭疽病由刺盘孢属的炭疽菌为害，有人将其划分为胶孢炭疽菌复合群(*Colletotrichum gloeosporioides* species complex)或尖孢炭疽菌复合群(*C. acutatum* species complex)两大类群。其下种类报道有 *C. siamense*，*C. fructicola*，*C. tropicale*，*C. karstii*，*C. boninense*，*C. bannanense* 和 *C. australisinense* 多种。其中以胶孢炭疽菌复合群下的 *C. siamense*和尖孢炭疽菌复合群下的 *C. australisinense* 为优势种。

### 2. 代表接种菌的选择

从橡胶树炭疽病叶片上分离病原菌，以单孢分离为最好，对病原菌进行纯化、致病力测定、病原形态和分子鉴定。筛选具有强致病力的炭疽菌 *C. siamense* 和 *C. australisinense* 各 1 株为代表接种菌。

### 3. 接种体的制备

分别将代表菌接种到马铃薯葡萄糖琼脂培养基(PDA)平板上，培养箱中 28 ℃光暗交替下培养 2～3 天。用灭菌过的三角涂棒打断菌丝体，继续连续光照培养 2～3 天。用灭菌水洗下分生孢子，再用 1 层 miracloth 滤纸过滤去除菌丝体，调节孢子浓度为 $10^6$ 个/mL，加入 0.02%(体积分数)的吐温 20，备用。

或将代表菌接种到 PDA 平板上，28 ℃自然光照下培养 48 h 后，用灭菌的棉签将菌落充分打断成菌丝小片段，加入 3 mL 灭菌水混匀菌丝片段，取 200 μL 均匀地涂布到新配制的 PDA 培养基平板上，28℃光照培养 24 h。当肉眼可见新生菌丝长出培养基表面时，再用灭菌的棉签轻轻将菌丝打断，并用灭菌水冲洗干净，晾干，盖上 4 层纱布，28℃光照培养 24～48 h。当培养基表面产生大量的分生孢子时，用灭菌水洗下孢子，再用 1 层 miracloth 滤纸过滤去除菌丝体，调节孢子浓度为 $10^6$ 个/mL，加入 0.02%(体积分数)的吐温 20，备用。

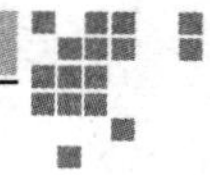

## 二、接种苗木的准备

### 1. 接种苗木的种植管理

选择橡胶树炭疽病常发区，地势平坦，土壤理化性质均一，四周无高大乔木，立地环境一致的地点建立鉴定圃。在鉴定圃内采用完全随机排列方式，分别种植待鉴定种质和对照品系，每一品系种 45 株。其中感病对照品系为“化 59-2”，抗病对照品系为“热研 8-79”。种植规格为 75 cm×75 cm。鉴定圃的种植和管理需根据《橡胶树栽培技术规程》(NY/T 221—2016)要求进行选苗、定植、锄草、浇水和施肥，确保植株生长旺盛。

### 2. 大量待接种嫩叶的准备

每年 1—2 月份间，将种植一年多的供试橡胶树苗，在接穗上方约 40cm 处锯干，随着天气变暖，当橡胶苗将整齐抽出大量嫩枝和古铜色叶片时，即可进行田间接种鉴定试验。

## 三、田间接种鉴定

### 1. 接种时间

待橡胶苗新抽出大量古铜色嫩叶时，通常为当年的 3 月份。

### 2. 接种方法

将上述配制好的炭疽菌分生孢子悬浮液装入喷雾器，对橡胶树嫩叶进行喷雾接种，直至叶片上布满细小水珠。每个菌株每份种质接种 5 株，重复 3 次，即两个代表菌株分别接种 15 株，剩余 15 株以喷灭菌水作对照，并用塑料袋套袋保湿 24 h。24 h 后取掉塑料袋后进行正常管理。

### 3. 病情调查

接种后第 7 天对接种的古铜期叶片进行病情调查，每株随机调查 4 片复叶，共 12 片小叶。每个种质共调查 180 片小叶。

### 4. 病情分级和病情指数的计算

观察叶片是否有炭疽病病斑，参照表 18 中的橡胶树炭疽病病情分级标准确定各叶片的病情级别。根据以下公式计算病情指数。

$$\text{病情指数} = \frac{\sum(\text{各级值} \times \text{相应级叶片数})}{\text{调查总叶数} \times 5} \times 100$$

**表 18　橡胶树炭疽病病情分级标准**

| 病级 | 分级标准 |
|---|---|
| 0 | 叶片上无病斑 |
| 1 | 0<病斑面积占叶片总面积<1/16 |
| 2 | 1/16≤病斑面积占叶片总面积<1/8 |

续表 18

| 病级 | 分级标准 |
| --- | --- |
| 3 | 1/8≤病斑面积占叶片总面积<1/4 |
| 4 | 1/4≤病斑面积占叶片总面积<1/2 |
| 5 | 病斑面积占叶片总面积≥1/2,或叶片严重皱缩,或落叶 |

**5. 抗病性评价**

计算待鉴定材料 3 次重复的病情指数的平均值,参照表 19 中的评价标准,确定该品种的抗病性水平。其中感病对照品系“化 59-2”达到相应感病程度(DI>30)时,该批次鉴定视为有效。

**表 19　橡胶树对炭疽病抗病性评价标准**

| 病情指数(DI) | 抗病性等级 |
| --- | --- |
| DI≤5 | 高抗(HR) |
| 5<DI≤20 | 抗病(R) |
| 20<DI≤30 | 中感(MS) |
| 30<DI≤40 | 感病(S) |
| DI>40 | 高感(HS) |

## 附录三

# 橡胶树棒孢霉落叶病田间病情调查及抗病性鉴定

## 一、田间病情调查

### 1. 病情调查方法

采用5点取样法，分别在苗圃或者林段的东、南、西、北、中分别选择40株(苗圃)或10株胶树(定植园)进行病情调查。苗圃的胶苗每株随机选取5片叶片，定植园的胶树在每株树树冠中部的东、南、西、北4个方向各钩取一蓬叶，每蓬叶分别取5片中间小叶，合计每个苗圃或者林段共采集200片小叶，目测观察这些叶片上棒孢霉落叶病的发生情况。

### 2. 病害分级标准

橡胶树棒孢霉落叶病病情分级标准见表20。

表20　橡胶树棒孢霉落叶病病情分级标准

| 级数 | 等级 | 病情描述 |
| --- | --- | --- |
| 0 | 无病害 | 叶面无病斑 |
| 1 | 零星发病 | 病斑占叶面积的1/8以下或有1～5个斑点 |
| 2 | 轻度发病 | 病斑占叶面积的1/8～1/4或有5～10个斑点 |
| 3 | 中度发病 | 病斑占叶面积的1/4～1/2或多于10个斑点 |
| 4 | 严重发病 | 病斑占叶面积的1/2～3/4或大面积坏死 |
| 5 | 重度发病 | 病斑占叶面积的3/4以上或叶片变黄，或枯死 |

### 3. 调查结果的统计分析

用下列公式计算发病率和病情指数。

$$\text{发病率}=\frac{\text{有病叶片数}}{\text{总调查叶片数}}\times 100\%$$

$$\text{病情指数}=\frac{\sum(\text{各病级值}\times\text{相应级叶片数})}{\text{调查总叶片数}\times 5}\times 100$$

## 二、抗病性鉴定

**1. 接种体制备**

接种体的制备可参照“橡胶树炭疽病抗病性鉴定”。橡胶树棒孢霉落叶病由多主棒孢(*Corynespora cossiicola*)为害，选择代表菌株，将病菌接种于PDA平板上培养5～7天后，用灭菌过的三角涂棒打断菌丝体，继续连续光照培养2～3天，用灭菌水洗下分生孢子和菌丝体，再用3层擦镜纸过滤去除菌丝体，在光学显微镜下，用血细胞计数板调节孢子浓度为$5\times10^5$个/mL，加入0.2%～0.3%(体积分数)的吐温20，备用。

**2. 接种苗木的准备**

**(1)接种苗木的种植管理**

选择橡胶树棒孢霉落叶病常发区，地势平坦，土壤理化性质均一，四周无高大乔木，立地环境一致的地点建立鉴定圃。鉴定圃内种植待鉴定种质和对照品系，每个待鉴定种质和对照品系均需种植45株，完全随机排列，种植规格75 cm×75 cm。鉴定圃的种植和管理需根据《橡胶树栽培技术规程》(NY/T 221—2016)要求进行选苗、定植、锄草、浇水和施肥，确保植株生长旺盛。

**(2)大量待接种嫩叶的准备**

将种植一年多的供试橡胶树苗，在接穗上方约40 cm处锯干，随着天气变暖，当橡胶苗将整齐地抽出大量嫩枝和古铜色叶片时，即可进行田间接种鉴定试验。

**3. 田间接种鉴定**

**(1)接种时间**

待橡胶苗新抽出大量古铜色嫩叶时，选择气温为25～30℃时进行田间接种。

**(2)接种方法**

将上述配制好的多主棒孢分生孢子悬浮液装入喷雾器，喷雾接种30株橡胶树的嫩叶，直至叶片上布满细小水珠；剩余15株以喷雾灭菌水作对照，用塑料袋套袋保湿24 h，24 h后取掉塑料袋进行正常管理。

**(3)病情调查**

接种后第7天对接种的橡胶树叶片进行病情调查，每个品系中的每株随机调查10片复叶的中间小叶，每10株为1个重复，共调查100片小叶。

**(4)病情分级和病情指数的计算**

观察叶片是否有棒孢霉落叶病病斑，参照表20中的橡胶树棒孢霉落叶病病情分级标准确定各叶片的病情级别。根据公式计算病情指数。

**(5)抗病性评价**

计算3次重复的病情指数的平均值，参照表21中的评价标准，确定该品种的抗病性水平。

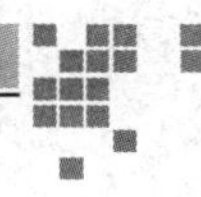

**表 21　橡胶树对棒孢霉落叶病抗病性评价标准**

| 病情指数(DI) | 抗病性等级 |
| --- | --- |
| 0 | 免疫 |
| 0<DI<10 | 高抗(HR) |
| 10≤DI<20 | 抗病(R) |
| 20≤DI<30 | 中感(MS) |
| 30≤DI<40 | 感病(S) |
| DI≥40 | 高感(HS) |

# 附录四
# 橡胶树死皮病的田间病情调查

## 一、调查方法

跟随胶工割胶的同时，观察割线排胶状况，逐株记录点状排胶、死皮及割线长度。

## 二、橡胶树死皮病分级标准

根据表 22 中橡胶树死皮病分级标准进行分级。

表 22　橡胶树死皮病分级标准

| 病级 | 死皮长度 |
| --- | --- |
| 0 级 | 无病斑 |
| 1 级 | 病斑长度＜2 cm |
| 3 级 | 病斑长度 2 cm 以上 或占割线长度 1/4 |
| 5 级 | 病斑长度占割线长度 1/4～1/2 |
| 7 级 | 病斑长度占割线长度 1/2～3/4 |
| 9 级 | 病斑长度占割线长度 3 /4 以上，或全割线死皮 |

## 三、数据统计与分析

按照下列公式计算胶园橡胶树死皮发病率和发病指数。

$$发病率=\frac{死皮病株数}{调查总株数}\times 100\%$$

$$发病指数=\frac{\sum(各级株数\times 该级级值)}{调查株数\times 9}\times 100$$

# 附录五
# 橡胶树风寒害的为害程度调查

我国部分植胶区的橡胶树常受到寒害和风害等气象灾害的影响。这些自然灾害通常对橡胶树造成的危害面积大、持续时间长，对橡胶树的生长发育和产量影响大。要了解自然灾害对橡胶树的影响，通常需要调查为害程度并做相应处理。

## 一、调查方法

采用逐株调查法，对橡胶植株风寒害情况进行目测观察。

## 二、风害分级标准及风害后处理

风害发生后，及时开展风害调查和风害后处理，参照表 23 的橡胶树风害分级标准，对受风害植株进行受害程度判断，根据不同受害程度采取相应的处理措施。对于 2 龄内定植的幼树，如受害程度达 3 级，应作低锯处理，重新培养主干；受害程度达 4 级，则挖除补种苗木。对于大于 2 龄的定植树或开割大树，当受害程度达 3～5 级，则应及时在断折处下方 5 cm 斜锯、修平，在锯口和其他伤口上涂防虫、防腐药剂。对受害程度达 5 级的开割树，则可适当强割，当强割至没有可利用的胶乳时将其砍伐。对于斜、倒的风害幼龄和中龄橡胶树，应尽快挖开树头周围泥土，进行扶正和培土。对于 3 级风害以下或 6 级风害的胶树，一般只清理胶园，不对橡胶树做风后处理。

**表 23　橡胶树风害分级标准**

| 级别 | 类别 | |
|---|---|---|
| | 未分枝幼树 | 已分枝胶树 |
| 0 | 不受害 | 不受害 |
| 1 | 叶片破损，断茎不到 1/3 | 叶片破损，小枝折断条数少于 1/3 或树冠叶量损失＜1/3 |
| 2 | 断茎 1/3～2/3 | 主枝折断条数 1/3～2/3 或树冠叶量损失＞1/3～2/3 |
| 3 | 断茎 2/3 以上，但留有接穗 | 主枝折断条数＞2/3 或树冠叶量损失＞2/3 |

续表 23

| 级别 | 类别 | |
|---|---|---|
| | 未分枝幼树 | 已分枝胶树 |
| 4 | 接穗劈裂，无法重接 | 全部主枝折断或 1 条主枝劈裂，或主干从 2 m 以上折断 |
| 5 | | 主干从 2 m 以下折断 |
| 6 | | 接穗全部折损 |
| 倾斜 | | 主干倾斜＜30° |
| 半倒 | | 主干倾斜 30°～45° |
| 倒伏 | | 主干倾斜＞45° |

注：断倒株数＝4 级株数＋5 级株数＋6 级株数＋倒伏株数

## 三、寒害分级标准及寒害后处理

调查和处理时间：橡胶树寒害发生后，要适时开展调查和寒害处理，处理时间不应太晚或太早。太晚处理，可能会有大量小蠹虫蛀入；太早处理也会在新干枯的茎干上有小蠹虫蛀入。通常在灾后新抽第 1 蓬叶稳定后，干枯边界明显、气温回升稳定、雨季来临前进行处理。

分级标准：参照表 24 的橡胶树寒害分级标准开展寒害调查，对受害植株做受害程度判断。

寒害处理：在橡胶树寒害稳定后，对较大的爆皮流胶伤口和其他溃烂面应做防虫、防腐处理；干枯的树干和大枝，在寒害症状稳定后锯除，锯口应及时修平，涂上防虫、防腐药剂，可选用棕油或油漆配合防虫剂、杀菌剂制作涂封剂，并选留、保护新萌生的枝条。中小苗林段应及时补种相同品种的胶苗。橡胶树发生寒害后，通常会导致植株无法正常落叶，养分不能移至枝茎，致使无效损耗，加之受害植株胶乳发生内凝与外流，恢复树冠等又耗损了大量养分。因此，适时对其进行淋施水肥是田间处理的一项极为重要的措施，淋施水肥可选择受害植株切干和萌动抽芽后进行，旨在促使植株抽出新叶恢复生长。

开割时间：对橡胶树寒害后的开割标准予以严格执行，在推迟割胶时间的前提下，视寒害级别分别进行割胶。寒害 0～1 级胶树，第 1 蓬叶稳定老化即可割胶；寒害 2 级或 3 级胶树，分别需要等第 2 蓬叶与第 3 蓬叶稳定老化后才能复割；寒害 4～5 级胶树，当年停割养树，培养长远的产胶能力。

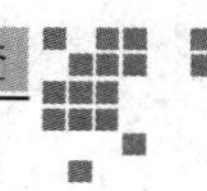

表 24 橡胶树寒害分级标准

| 级别 | 类别 | | | |
|---|---|---|---|---|
| | 未分枝幼树 | 已分枝幼树 | 主干树皮 | 茎基树皮 |
| 0 | 不受害 | 不受害 | 不受害 | 不受害 |
| 1 | 茎干干枯<1/3 | 树冠干枯<1/3 | 坏死宽度<5 cm | 坏死宽度<5 cm |
| 2 | 茎干干枯 1/3～2/3 | 树冠干枯 1/3～2/3 | 坏死宽度占全树周长的2/6 | 坏死宽度占全树周长的2/6 |
| 3 | 茎干干枯>2/3，但接穗尚活 | 树冠干枯>2/3 | 坏死宽度占全树周长的3/6 | 坏死宽度占全树周长的3/6 |
| 4 | 接穗全部枯死 | 树冠全部干枯，主干干枯至1 m以上 | 坏死宽度占全树周长的4/6或虽超过4/6但在离地1 m以上 | 坏死宽度占全树周长的4/6 |
| 5 | | 主干干枯至1 m以下 | 离地1 m以上坏死宽度占全树周长的5/6 | 坏死宽度占全树周长的5/6 |
| 6 | | 接穗全部枯死 | 离地1 m以下坏死宽度占全树周长的5/6以上直至环枯 | 离地1 m以上坏死宽度占全树周长的5/6以上直至环枯 |

注：茎基指芽接树结合线以上15 cm，实生树地面以上30 cm的茎部。芽接树砧木受害另行登记，不列入茎基树皮寒害

附录六

# 胡椒瘟病的田间病情调查及诱发诊断技术

## 一、调查方法

在一个胡椒园里，按胡椒园大小，随机抽样或对角线调查50～100株胡椒，也可隔行连株、隔行隔株调查。

## 二、胡椒瘟病病情分级标准

根据表25对胡椒植株瘟病病情进行分级。按照公式计算田间胡椒瘟病发病率和病情指数。

$$发病率=\frac{发病株数}{调查总株数}\times 100\%$$

$$发病指数=\frac{\sum(各级株数\times 该级级值)}{调查株数\times 9}\times 100$$

表25　胡椒瘟病病情分级标准

| 病级 | 病情标准 |
| --- | --- |
| 0级 | 无病 |
| 1级 | 植株50 cm以下的病叶<10片；枝蔓一般无病 |
| 3级 | 植株50 cm以下的病叶有11～20片；未木栓化的枝条轻病 |
| 5级 | 已木栓化枝蔓轻病，距离地面60 cm以上的叶片发病；发病叶片>21片，超过50 cm以上出现病叶 |
| 7级 | 近地面处或地下主蔓基部发病腐烂，植株枝叶无光泽，叶片有些发黄，但未凋萎 |
| 9级 | 地下部主蔓大部分腐烂，地上部叶片凋萎，果实皱缩 |

## 三、胡椒瘟病的诱发诊断试验

胡椒瘟病和胡椒水害、肥害难以区分，尤其是后期的病死株；用离体胡椒健康叶片诱发，

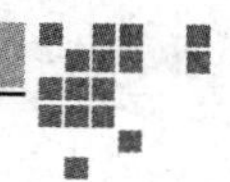

容易诱发出胡椒瘟病的典型症状，进行快速诊断。

**(1)病土诱发**

从病株根茎部取回病土约0.5 kg(取表层5 cm以内的土)；另摘取刚成熟的无病胡椒叶片6～8片。先将少量病土放入大培养皿内，再将消毒叶片用灭菌束针刺伤后分层放入培养皿内，每层3～4片，分层覆盖病土，随即淋水至土壤完全湿透为止；放在室内，2～3天后洗去泥土便可以检查叶片是否发病。如有典型的“黑太阳”病斑出现，则说明胡椒土壤带有胡椒瘟病病菌。

**(2)胡椒头病组织诱发**

取胡椒主蔓基部病组织，在病健处切取若干块病组织并切碎，摘取胡椒嫩叶片，消毒后用灭菌束针刺伤放入培养皿内，每片叶上面放几块病组织，然后用湿棉花盖住，并加少量蒸馏水保湿，3～4天后检查有无出现胡椒瘟的典型“黑太阳”病斑。

**(3)人工接种菌丝块**

摘取无病胡椒叶片若干，消毒后用灭菌束针刺伤或不刺伤放在培养皿内，在每片叶的刺针伤口处和非刺伤处分别放上一小块培养了7～10天的胡椒瘟病病菌丝块(直径0.5～1 cm)。盖上湿棉花，2～3天后检查发病情况。设置对照，对照用棉花沾无菌水，不放病菌丝块。其他方法同上。

## 四、结果记录

接种2～3天后逐天观察结果，记录并填入表26中。统计发病率和潜育期。

**表26 胡椒瘟病的诱发试验记录表**

| 处理 | 接种叶片数 | 发病叶片数 | 发病率/% | 潜育期/天 |
| --- | --- | --- | --- | --- |
| 病土诱发 | | | | |
| 病组织诱发 | | | | |
| 人工接种 | | | | |
| 对照 | | | | |

# 附录七

# 胡椒细菌性叶斑病田间病情调查

## 一、调查方法

在一个胡椒园里，按胡椒园大小，随机抽样或对角线调查 50～100 株胡椒，也可隔行连株、隔行隔株调查。

## 二、胡椒细菌性叶斑病田间病情分级

根据表 27 中胡椒细菌性叶斑病病情分级标准对田间植株进行病情调查。

**表 27 胡椒细菌性叶斑病病情分级标准**

| 病级 | 病情描述 |
| --- | --- |
| 0 级 | 无病 |
| 1 级 | 病叶数＜植株总叶数的 1/8 |
| 2 级 | 植株总叶数的 1/8≤病叶数＜植株总叶数的 1/4；或少量枝条脱落 |
| 3 级 | 植株总叶数的 1/4≤病叶数＜植株总叶数的 1/2；或部分枝条脱落 |
| 4 级 | 植株总叶数的 1/2≤病叶数＜植株总叶数的 3/4；或大量枝条脱落 |
| 5 级 | 病叶数≥植株总叶数的 3/4 |

## 三、病情统计

$$发病率=\frac{发病株数}{调查总株数}\times 100\%$$

病害发生程度分级标准见表 28，根据该表对田间胡椒细菌性叶斑病发生程度进行判断。

**表 28 田间胡椒细菌性叶斑病发病程度判断标准**

| 田间植株发病率 | 发病程度 |
| --- | --- |
| 5％以下 | 零星发生 |
| 5％～10％ | 轻度发生 |
| 11％～30％ | 中度发生 |
| 31％～50％ | 重度发生 |
| 大于 50％ | 大流行 |

# 附录八
# 咖啡锈病的田间病情调查及抗病性鉴定

## 一、田间病情调查

### 1. 调查方法

每年在咖啡锈病高发期(云南常在12月,海南多在11—12月)进行调查,对咖啡园进行随机抽样或对角线调查30～100株咖啡,也可隔行连株、隔行隔株或5点取样法调查。

### 2. 咖啡锈病病情分级标准

咖啡锈病病情分级标准和抗性评价标准见表29。

表29　咖啡锈病病情分级标准和抗性评价标准

| 病级 | 叶片发病程度 | 抗性程度 |
|---|---|---|
| 0级 | 叶上无任何病斑 | 免疫 |
| 1级 | 有微小黄色斑点,周围有木栓化组织,黄斑脱落呈小洞状或斑点不扩大,不产生夏孢子,久之斑点淡化 | 高抗型,亦称亚免疫型,可再分为极高抗(1＋或1＋＋级,1＋指有木栓化组织者)和高抗型(1级,指斑点周无木栓化,斑点不产夏孢子)2种 |
| 2级 | 常有不同面积黄斑,混合斑点有少量夏孢子(占病斑面积25％以下),有时也出现木栓化组织或坏死斑 | 中抗型 |
| 3级 | 病斑上夏孢子量很多,占50％左右 | 中感型 |
| 4级 | 病斑最后联合成大病斑,夏孢子旺盛,病斑四周有明显褪绿晕圈,迅速落叶 | 高感型 |

注:对于中间型,则以“＋”“－”表示倾向性,如比2级严重但达不到3级则以2＋表示,若不到2级但比1级明显重则以2－表示

### 3. 病情统计

计算公式为:

$$发病率=\frac{发病株数}{调查株数}\times 100\%$$

$$病情指数 = \frac{\sum(各级值 \times 相应级叶片数)}{总叶片数 \times 4} \times 100$$

## 二、咖啡种质对锈病抗性鉴定

### 1. 咖啡锈菌夏孢子的采集保存和接种方法

咖啡锈菌的小种类别、夏孢子存放时间和环境条件、超寄生菌(*Verticillium* sp.)等感染程度对接种成功与否关系极大。因此,经常采用混合夏孢子接种。即田间收集大量病叶,用毛笔将锈菌夏孢子刷到载玻片上。这样可能使多个小种的夏孢子混合到一起。然后将玻片插入玻片盒,并放入干燥器中,再将干燥器置于5～10℃的冰箱中,以阻抑附于孢子表面的超寄生菌孢子吸收空气水分萌发并侵染锈菌夏孢子,这样存放可延长夏孢子寿命2～3个月。接种时,将玻片上的夏孢子压粘于叶背上,再用手指抹一下以扩大夏孢子的分布面积。

### 2. 幼苗接种

待鉴定的材料若为幼苗(塑料袋或盆栽),一般选择10株以上。将其移入温度为21～24℃的室内,用毛笔将锈菌夏孢子刷落到叶背上,或将已刷落在玻片上保藏的夏孢子压印于健康叶片的叶背上。用小喷雾器喷湿叶面,用塑料袋套袋保湿20 h。一般在接种后的15～20天出现小黄斑点,斑点逐渐扩大,7～10天后病斑上产生橙黄色的夏孢子。

### 3. 田间成株接种

对田间成株咖啡,在锈病流行季节接种,通常为10月到翌年2月,将上述准备的锈菌夏孢子接种于叶背上(在晴天夜间有露水凝结于叶面供夏孢子萌发时进行),或接种后喷水再套塑料袋保湿。一次同时接种的叶片在20～50片及以上。

### 4. 抗病性鉴定和分级标准

无论室内或田间接种,均同时以感病品种作对照,感病品种严重发病为有效接种,再鉴定寄主的抗病反应型。接种30～45天后鉴定其抗病性。根据上述表29中的病情分级标准及其抗性评价标准进行抗病性判定。

# 附录九
# 咖啡美洲叶斑病病菌鉴定方法

## 一、鉴定依据

咖啡美洲叶斑病病菌为我国对外检疫性病害。咖啡美洲叶斑病的症状、病原菌形态特征和生物学特性(培养性状和生物荧光的产生)是该病鉴定的主要依据。具体见“三、鉴定特征”部分。

## 二、检验方法

**(1)组织保湿法**

在塑料盒内铺上湿润滤纸,将采集的病叶置于滤纸上,喷雾,盖上盒盖保湿。将塑料盒置于25℃培养箱内,在自然光或弱光下培养。保湿3天后取出叶片观察病斑上有无针状、黄色的芽孢产生。如发现芽孢,将芽孢移至PDA培养基内继续培养,观察菌落形态、颜色、芽孢以及担子果的产生情况。

**(2)组织分离培养法**

剪取可疑的小块病斑组织,用5%次氯酸钠溶液消毒5 min,灭菌水洗3～4次,将病斑组织移到PDA培养基中,置25℃培养。3天后逐天观察菌落的形态、颜色、芽孢及担子果的产生情况。

**(3)生物荧光观察方法**

将病叶或培养菌落,带进黑暗的房间中,停留15 min适应黑暗的环境,肉眼观察病叶上病斑或菌落是否可以产生生物荧光(微弱的蓝光)。

**(4)担子果诱发试验**

取分离纯化的咖啡美洲叶斑病菌可疑待测菌和青霉菌(*Pencillium* spp.)的菌落,分别接种于同一皿PDA培养基的两侧,培养3天后待测菌与青霉菌菌落交界处如产生大量芽孢及黄色、伞状的担子果,可判断为美洲叶斑病病原。

**(5)致病性试验**

按照上述的组织保湿法在盒内平铺3层湿润滤纸,取分离纯化得到的芽孢或菌丝(注:不能用担子果)接种在健康咖啡叶片上,并保湿。接种3天后每天观察病原菌的产生情况。

## 三、鉴定特征

**(1)症状特征**

叶部症状:初期病斑,呈暗绿色水渍状小斑点,后病斑逐渐扩展为圆形,黄褐色、浅红褐色至黑褐色病斑,病斑中心为橘黄色,稍微凹陷,病健交界明显,形状如鸡眼(又叫鸡眼病)。病叶上病斑大小为 3～10 mm,多数为 4～6 mm。在干旱季节,病斑上的坏死组织会脱落穿孔。叶脉上的病斑向两边稍伸长,凹陷,浅灰色,病斑边缘有散生的乳黄色晕圈,晕圈外有狭窄的暗色边缘。

枝条和果实症状:枝条上病斑为长椭圆形,黑褐色,中间浅灰色,病斑中央稍凹陷。发病果实呈现近圆形褪绿斑点,后期病斑变为灰白色至浅红褐色。

**(2)病原特征**

病原:咖啡美洲叶斑病菌[*Mycema citricolor* (Berk. &Curt.) Sacc],属于担子菌门(Basidiomycotina),层菌纲〔Hym. enomycetes),伞菌目(Agaricales)、伞菌科(Agaricaceae),小菇属(*Mycema*)。

菌丝:菌丝无色,有分隔,菌丝细胞双核并在分隔处具有典型的锁状联合体。

菌落:在 PDA 培养基中,菌落初期呈白色放射状,紧贴于培养基表面向四周扩展,气生菌丝少。培养 3 天后菌落中央开始变黄色,随后产生黄色的芽孢。菌丝和芽孢在黑暗的环境中都能发出微弱的蓝色荧光。

芽孢:芽孢小,黄色、针状,由芽孢的茎和芽孢体组成,茎细长圆柱状,长约 2 mm,茎的顶部长有飞碟状的芽孢体,芽孢体成熟后,直径约 0.36 mm,表面中间稍凹陷。

担子果:担子果黄色,由菌柄和菌盖组成,形如微型的小伞。菌柄直立,黄色,有细小绒毛。菌盖直径 0.8～4.3 cm,黄色,半球形或伞形,上有辐射状条纹 7～15 条,菌褶 9～22 个,稀疏、有蜡质。担子棍棒状,大小为(14.0～17.4) μm×5 μm,担孢子小,椭圆形或卵形,无色,大小为(4～5) μm×(2.5～3.0) μm 。

## 四、结果判定

如病原菌可产生生物荧光,其症状特征和病原特征符合上述症状特征和病原特征描述,鉴定为咖啡美洲叶斑病。

## 五、菌株的保存

被鉴定为咖啡美洲叶斑病的菌株移至装有 PDA 培养基的试管内,放置于 15℃ 培养箱中保存,每隔 2 个月定期转管 1 次。菌株如要丢弃,需经灭菌处理。

# 附录十

# 龙舌兰麻对剑麻斑马纹病抗病性鉴定

参照《龙舌兰麻抗病性鉴定技术规程》(NY/T 1942—2010)执行。

## 一、人工接种抗性鉴定

**(1)接种体的制备**

田间采集剑麻斑马纹病病叶，在室内以常规组织分离法从病斑上分离病原菌并纯化。按柯赫氏法则鉴定确认为剑麻斑马纹病的病原菌，即烟草疫霉(*Phytophthora nicotianae*)。将菌株接种在胡萝卜培养基上，28℃培养4天，用灭菌打孔器，在菌落边缘处打下菌饼作为接种体。

**(2)鉴定材料的准备**

盆栽待鉴定的龙舌兰麻种质幼苗，每份种质种植20株以上。待种苗长到存叶20片以上时，选生长健壮、无病虫害的苗用于人工接种。

**(3)接种方法**

采用针刺伤口接种法接种，每份种质接种5株，重复3次，即接种15株。同时接种5株感病品种(H·11648)作为对照。接种时从植株的不同方向选取3片中下部叶片，在距离叶基部10 cm处用70%酒精棉球擦拭叶片表面消毒，再用灭菌(或灼烧冷凉后)的束针刺伤表皮。将准备好的菌饼的菌丝面向下贴于针刺伤口处，用无菌湿棉花覆盖菌饼保湿，塑料薄膜包裹固定。48 h后除去塑料薄膜、棉花及菌饼，继续在温度为25～30℃，湿度80%以上的条件下培养。

**(4)病情调查与分级**

接种后10天开始进行病情调查与分级，龙舌兰麻斑马纹病人工活体接种病害分级标准见表30。用下列公式计算发病率及病情指数。

$$\text{发病率}=\frac{\text{发病叶片数}}{\text{调查总叶片数}}\times 100\%$$

$$\text{病情指数}=\frac{\sum(\text{各级叶片数}\times\text{该级级值})}{\text{调查总叶片数}\times 4}\times 100$$

表 30　龙舌兰麻斑马纹病人工活体接种病害分级标准

| 病害级别 | 病情描述 |
| --- | --- |
| 0 级 | 叶片无病斑 |
| 1 级 | 叶片出现病斑，但不扩展 |
| 2 级 | 叶片出现病斑并向外扩展，病斑直径＜5 cm |
| 3 级 | 叶片病斑向叶基部扩展≥5 cm |
| 4 级 | 病斑扩展到叶基部或茎部 |

**(5)抗性评价**

当设置的感病对照材料病情指数达到 75 以上时，判定该批次抗性鉴定有效。根据鉴定材料病情指数对各种种质资源的抗病性进行评价，评价标准见表 31。

表 31　龙舌兰麻对斑马纹病的抗病性评价标准

| 抗性 | 病情指数(DI) |
| --- | --- |
| 免疫 | 0 |
| 高抗 | 0＜DI≤25 |
| 中抗 | 25＜DI≤50 |
| 中感 | 50＜DI≤75 |
| 高感 | DI＞75 |

**(6)重复鉴定**

经活体接种鉴定方法鉴定为免疫、高抗、中抗的种质资源，需按照大田鉴定方法对其抗病性进行至少 1 年的重复鉴定。

## 二、大田自然发病法鉴定

**(1)鉴定圃设置**

鉴定圃应设置在重病区，具备良好的自然发病环境(主要是地势较低洼易积水)条件。

**(2)鉴定材料的准备**

每个待鉴定种质和对照品系均需分别种植 100 株，进行随机区组设计。当种苗长至存叶数达 20 片以上时，选择生长健壮的龙舌兰麻苗进行人工接种，同一种质要求其株高及大小比较整齐。并设置感病品种(H・11648)1 份作为对照。

**(3)病情调查与分级**

每年高温多雨季节对所有种植的麻苗进行剑麻斑马纹病病情调查并分级，分级标准如下：

0 级：无病斑；

1 级：叶片出现病斑；

2 级：叶片基部出现病斑；

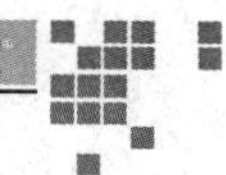

3 级:茎腐或轴腐。

**(4)病情指数计算**

按公式计算病情指数(DI)。

$$病情指数 = \frac{\sum(各级发病株数 \times 该级级值)}{调查总株数 \times 3} \times 100$$

**(5)抗性评价**

当设置的感病对照材料病情指数达到 75 以上时,判定该批次鉴定有效。根据鉴定材料病情指数对各种质资源的抗病性进行评价,评价标准见表 31。

进行大田抗性评价,需进行不少于 3 年的重复鉴定。

# 附录十一 龙舌兰麻对剑麻茎腐病抗病性鉴定

参照《龙舌兰麻抗病性鉴定技术规程》(NY/T 1942—2010)执行。

## 一、人工接种抗性鉴定

**(1)接种体的制备**

以常规组织分离法从龙舌兰麻病株上分离茎腐病病菌并纯化。按柯赫氏法则鉴定确认为黑曲霉菌(*Aspergillus niger*)后,将菌株转接到 PDA 培养基上,30℃培养 7 天,用无菌水将分生孢子洗下,再用 1 层 miracloth 滤纸(或 3 层擦镜纸)过滤除去菌丝体,调节孢子浓度为 $10^7$ 个/mL,加入 0.02%(体积分数)的吐温 20,备用。

**(2)鉴定材料的准备**

盆栽种植待鉴定的龙舌兰麻种苗,每份种质种植 20 株以上。待种苗长至存叶 20 片以上时,选出生长健壮、无病虫害的苗用于人工接种。

**(3)接种方法**

采用割口接种法,每份种质接种 5 株,重复 3 次,共接种 15 株。同时接种 5 株感病品种(H•11648)作为对照。每株用消毒利刀在离叶基部约 5 cm 处割除中下部的全部叶片,然后在割口上滴 0.1 mL 的分生孢子悬浮液,接种后的苗置于温度 25~30℃,相对湿度 80%以上的条件下养护。

**(4)病情调查与病情指数**

接种 11 天后开始进行病情调查,用直尺测量从发病叶桩的割口中央至病斑最下端的病斑纵向长度,根据病斑的长度进行病害分级,分级标准见表 32。计算发病率及病情指数。

$$发病率=\frac{发病叶片数}{调查总叶片数}\times 100\%$$

$$病情指数=\frac{\sum(各级叶片数\times 该级级值)}{调查总叶片数\times 4}\times 100$$

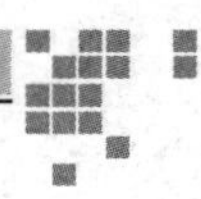

表 32 剑麻茎腐病人工接种的病害分级标准

| 病害级别 | 病斑长度($r$)/mm |
|---|---|
| 0 | 0 |
| 1 | $0<r\leqslant10.0$ |
| 2 | $10<r\leqslant30.0$ |
| 3 | $30<r\leqslant50.0$ |
| 4 | $r>50.0$ |

**(5)抗性评价**

当设置的感病对照材料病情指数达到 75 以上时,判定该批次抗性鉴定有效。根据鉴定材料病情指数对各种质资源进行抗病性评价,评价标准见表 33。

表 33 龙舌兰麻对剑麻茎腐病的抗病性评价标准

| 抗性 | 病情指数(DI) |
|---|---|
| 免疫 | 0 |
| 高抗 | $0<DI\leqslant25$ |
| 中抗 | $25<DI\leqslant50$ |
| 中感 | $50<DI\leqslant75$ |
| 高感 | $DI>75$ |

**(6)重复鉴定**

经人工接种鉴定为免疫、高抗、中抗的种质资源,需按照大田鉴定方法对其抗病性进行至少 1 年的重复鉴定。

## 二、大田自然发病法鉴定

**(1)鉴定圃设置**

鉴定圃应设置在重病区,具备良好的自然发病环境(主要是土壤缺钙致麻株叶片含钙量低于 2.5%)条件。

**(2)鉴定材料的准备**

每份待鉴定种质和对照品系均需分别种植 100 株,随机区组设计。设置感病品种(H·11648)1 份作为对照材料。当种苗长至存叶数达 20 片以上时,从中选择生长健壮的麻苗进行人工接种,同一种质要求其株高及大小比较整齐。于高温多雨季节,每株麻苗用消毒利刀在离叶基部 2~3cm 处割除中下部的全部叶片(每株麻苗割叶在 11 片以上)。

**(3)病情调查与分级**

在接种当年的高温多雨季节对所有种质的麻苗进行剑麻茎腐病病害情况调查,植株病害分级标准如下:

0 级:无病;

1 级：叶基割口发病 1～4 个；

2 级：叶基割口发病 5～10 个；

3 级：叶基割口发病 11 个以上；

4 级：叶片凋萎，茎腐。

**(4)病情指数计算**

按公式计算病情指数(DI)。

$$病情指数=\frac{\sum(各级发病株数\times该级级值)}{调查总株数\times4}\times100$$

**(5)抗性评价**

当感病对照材料的病情指数达到 50 以上时，判定该批次接种有效。根据表 33 中的抗性评价标准对各种质进行抗性评价。进行大田抗病性评价，需进行不少于 3 年的重复鉴定。

# 附录十二 槟榔黄化病的鉴定技术

## 一、鉴定依据

槟榔黄化病由植原体(*Phytoplasma* sp. =MLO)引起，是危害槟榔的主要病害。主要依据槟榔黄化病的症状、电子显微镜观察病原形态、分子检测病原菌等进行鉴定。

## 二、症状特征

植株染病后，初期中下层的2～3片叶开始变黄，黄化部分与绿色部分分界明显，逐渐向上蔓延，叶片上出现半透明的小点，继而扩展至整株叶片黄化，叶尖部开始干枯并开裂；心叶变小，叶片变硬变短，部分叶片皱缩畸形，呈现束顶症状；树冠部分的茎干逐渐变细，节间缩短，严重时造成树冠折断；叶鞘基部的小花苞水渍状败坏，佛焰苞、花序轴顶变黑干枯；果实提前脱落，胚乳失绿变黑、变软。顶部叶片变黄1年左右后脱落，留下光杆，最后整株死亡。大部分植株发病后5～7年死亡。

## 三、电子显微镜观察病原形态

**(1)病样采集和处理**

在田间采集具有典型黄化症状和束顶症状的槟榔病株，取未展开的第3～4片心叶的中段叶脉、叶鞘基部呈水渍状的幼嫩花苞组织，用4% 戊二醛0.1 mol/L 磷酸缓冲液固定液(pH7.4)及2%锇酸0.1 mol/L 磷酸缓冲液(pH7.4)双重固定，乙醇系列脱水，环氧丙烷脱水，环氧树脂Epon812包埋，超薄切片用醋酸铀、柠檬酸铅双重染色。在JEM-100CX电镜下观察。对照从相同品种的健康槟榔植株采集相同的样本进行相同处理观察。

**(2)电镜观察结果**

在槟榔黄化病病组织的韧皮部筛管细胞及伴胞内均存在圆形和椭圆形的菌体，横截面的菌体多呈球形、椭圆形、长杆形、梭形、带状形、不规则形态等，纵切面菌体呈丝状(图1)。菌体内有较丰富的纤维状体(DNA)、细胞核区及较薄的质膜，无细胞壁。菌体大小为180～550 nm。单位膜的厚度为9～13 nm。对照健康植株的组织内则无任何菌体存在。

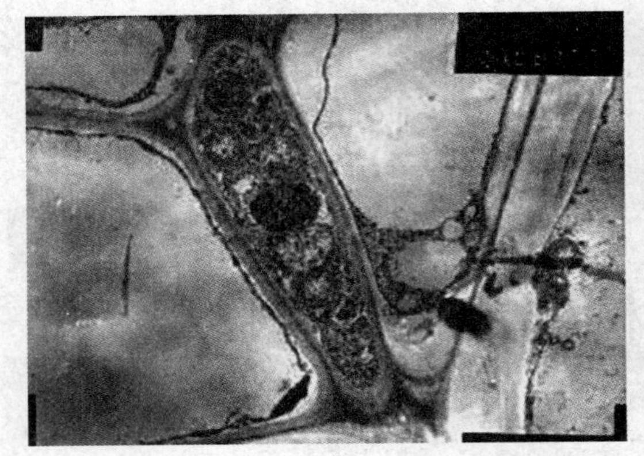
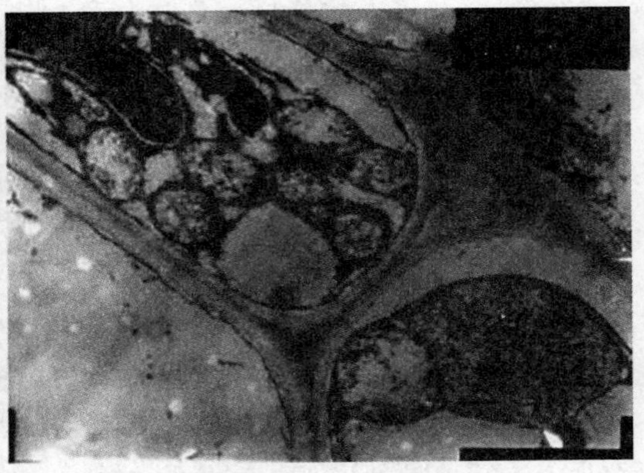

图 1　感染黄化病植株韧皮部筛管内植原体　　(引自罗大全,2001)

四、巢式 PCR 检测技术

**(1)模板的准备**

田间采集凝似典型槟榔黄化病症状的病株花苞,采用常规方法提取槟榔花苞总 DNA。提取的 DNA 置于−20℃冰箱中保存备用。

**(2)引物**

合成植原体 16S rDNA 基因通用引物,引物列表见表 34。

表 34　引物列表

| 引物名称 | 引物序列 5′→3′ | 备注 |
|---|---|---|
| R16mF<br>R16mR1 | CATGCAAGTCGAACGGA<br>CTTAACCCCAATCATCGAC | 一扩引物 |
| P1<br>P7 | AAGAGTTTGATCCTGGCTCAGGATT<br>CGTCCTTCATCGGCTCTT | 一扩引物 |
| R16F2n<br>R16R2 | ACGACTGCTAAGACTGG<br>GCGGTGTGTACAAACCCCG | 二扩引物 |

**(3)反应体系和反应条件**

第一轮 PCR 反应体系(25 μL):提取的总 DNA 为模板 2 μL,引物对 R16mF2/ R16mR1 或引物对 P1/P7 (10 μmol/L)各 2 μL,10×PCR buffer 2.5 μL,25 mmol/L $MgCl_2$ 2.5 μL,10 mmol/L dNTPs 2 μL,Taq DNA 聚合酶(1U/μL) 0.2 μL,dd$H_2O$ 11.8 μL。

第二轮 PCR 反应体系,反应体系同第一轮 PCR,但模板为稀释 50 倍的第一轮扩增产物 2 μL,引物对为 R16F2n/ R16R2。扩增产物片段大小为 1 100 bp。

PCR 反应条件:94℃ 2 min;94℃ 1 min; 52℃ 45s (R16mF2/R16mR1)或 60℃ 45s (R16F2n/R16R2),72℃ 1 min,30 个循环;72℃ 10 min。

**(4)结果判定**

第二轮扩增产物片段大小约为 1 100 bp,对照中则扩增不出相应片段。如第二轮扩增产

物中有大小约为 1 100 bp 的特异条带，基本可判定病样中带有植原体。也可将第二轮 PCR 产物直接送测序公司测序，或者与 pMD18-T 载体连接后再送测序公司测序，将测序结果与 NCBI 数据库（https://www.ncbi.nlm.nih.gov/）中相关植原体进行比对分析，如与槟榔黄化植原体（Arecanut yellow leaf phytoplasma，AYL）的 16SrDNA 同源性高，则可判定所测疑似样本发生了槟榔黄化病。

■附录十三■

# 木薯细菌性枯萎病的田间病情调查及抗病性鉴定

## 一、田间病情调查

**(1)调查方法**

根据木薯地的面积,采用“5 点取样法”或隔行连株、或隔行隔株进行取样,调查时每块木薯地随机调查 25 株,每株木薯从下部叶片开始往上调查 10 片叶(叶片数少于 10 片的植株全部调查;多于 10 片的植株只调查 10 片叶),目测评估叶片病情,记录调查的总叶数、病叶数、病级、发病率等。

**(2)叶片病情分级标准**

参照表 35 中木薯细菌性枯萎病叶片病情分级标准,对叶片进行病情分级。

表 35 木薯细菌性枯萎病叶片病情分级标准和抗性评价标准

| 病害级别 | 叶片病情 | 抗性 |
| --- | --- | --- |
| 0 | 叶片无病斑 | 高抗(HR) |
| 1 | 叶片出现水渍状病斑,病斑面积占叶片总面积 1/8 以下 | 抗(R) |
| 3 | 病斑面积占叶片总面积 1/8～1/4 | 中抗(MR) |
| 5 | 病斑面积占叶片总面积 1/4～1/2 | 中感(MS) |
| 7 | 病斑面积占叶片总面积 1/2～3/4 | 感病(S) |
| 9 | 叶片发病严重,病斑面积占叶片总面积 3/4 以上,叶片萎蔫或脱落 | 高感(HS) |

**(3)病情指数和病情统计**

根据下列公式计算发病率和病情指数。

$$\text{发病率}=\frac{\text{发病株数}}{\text{调查总株数}}\times 100\%$$

$$\text{病情指数(DI)}=\frac{\sum(\text{各级病级值}\times\text{该级病叶数})}{\text{调查总叶数}\times 9}\times 100$$

## 二、木薯种质大田自然发病法抗性评价

选择连作木薯多年且细菌性枯萎病常年发生的田块进行。按照当地的耕作习俗对待鉴定的木薯种质进行栽种和管理，设置感病品种。于细菌性枯萎病盛发期进行调查。采用“田间病情调查”中的调查方法进行调查，根据表35中的评价指标进行抗性评价。当感病品种的病情指数达到相应的感病级别，判定当次病害调查数据有效。进行大田抗性评价，需要进行不少于3年的重复鉴定。

## 三、人工接种抗性鉴定

**(1)接种体的制备**

将病菌接种在牛肉膏蛋白胨培养基(蛋白胨5g、牛肉膏3g、酵母膏1g、蔗糖10g、琼脂粉12～17g、蒸馏水1 000mL)上培养48h，制备$OD_{600}$为0.6的细菌悬浮液备用。

**(2)接种方法**

选用健康无病、完全展开的木薯叶片，在日平均气温30℃的条件下，可选用下列3种方法进行人工接种，每种方法接种10片小叶，重复3次。

①剪叶法：用无菌剪刀蘸取菌液，将叶片前端部分剪去(剪去叶尖的叶面积约占整张叶片面积的1/10)。

②针刺法：用无菌的束针蘸取菌液，将叶片上表皮刺破。

③喷雾法：将菌液均匀喷洒在木薯叶片正反两面。接种后保湿2天。

接种后逐日观察发病情况。

**(3)抗性评价**

按照表36中的人工接种病害分级标准对接种叶片进行病情调查，根据公式计算病情指数，对应表37中的评价标准进行抗性评价。当感病品种的病情指数达到相应的感病级别，判定当次病情调查数据有效。

**表36　木薯细菌性枯萎病人工接种病害分级标准**

| 病害级别 | 叶片病情 |
|---|---|
| 0 | 无任何病斑 |
| 1 | 病斑总面积占叶片总面积1/16以下 |
| 3 | 病斑总面积占叶片总面积1/16～1/8 |
| 5 | 病斑总面积占叶片总面积1/8～1/4 |
| 7 | 病斑总面积占叶片总面积1/4～1/2 |
| 9 | 病斑总面积占叶片总面积1/2以上或叶片变黄凋萎 |

表 37　木薯细菌性枯萎病人工接种抗病性评价标准

| 抗性 | 病情指数(DI) |
| --- | --- |
| 免疫 | 0 |
| 高抗(HR) | DI<10.0 |
| 抗(R) | 10.0≤DI<20.0 |
| 中抗(MR) | 20.0≤DI <30.0 |
| 中感(MS) | 30.0≤DI <40.0 |
| 感(S) | 40.0≤DI<60.0 |
| 高感(HS) | DI≥60.0 |

# 参考文献

[1] 黄朝豪．热带作物病理学[M]．北京：中国农业出版社，1997.

[2] 李增平，郑服丛．热带作物病理学[M]．北京：中国农业出版社，2015.

[3] 李增平，郑服丛．热区植物常见病害诊断图谱[M]．北京：中国农业出版社，2010.

[4] 李增平，罗大全．橡胶树病虫害诊断图谱[M]．北京：中国农业出版社，2007.

[5] 李增平，罗大全．槟榔病虫害田间诊断图谱[M]．北京：中国农业出版社，2007.

[6] 魏景超．真菌鉴定手册[M]．上海：上海科学技术出版社，1979.

[7] 吴如慧，李增平，张宇，等．橡胶树毛色二孢叶斑病病原菌的鉴定及其生物学特性研究[J]．热带作物学报，2018，10：1-9.

[8] 胡文军，李增平，吴如慧，等．橡胶树回枯病病原菌鉴定及其生物学特性测定[J]．热带作物学报，2018，39(06)：1146-1152.

[9] 吴如慧，李增平，孙先伊晴，等．橡胶树臭根病菌的鉴定及其生物学特性研究[J]．热带作物学报，2018，39(05)：940-947.

[10] 程乐乐，李增平，丁婧钰，等．海南9种棕榈科植物木腐菌的物种多样性及其与温湿度相关性分析[J]．热带作物学报，2018，39(03)：534-539.

[11] 程乐乐，李增平，王贵贵，等．海南棕榈科植物上的一种新病害——柄腐病[J]．热带作物学报，2017，38(12)：2340-2346.

[12] 农业部热带作物及制品标准化技术委员会．橡胶树白粉病测报技术规程：NY/T 1089—2015[S]．北京：中国农业出版社，2015：12.

[13] 中华人民共和国农业部．热带作物种质资源抗病虫鉴定技术规程　橡胶树棒孢霉落叶病：NY/T 3195—2018[S]．北京：中国农业出版社，2018：6.

[14] 中华人民共和国农业部．热带作物种质资源抗病虫鉴定技术规程　橡胶树炭疽病：NY/T 3197—2018[S]．北京：中国农业出版社，2018：6.

[15] 中华人民共和国农业部．橡胶树棒孢霉落叶病监测技术规程：NY/T 2250—2012[S]．北京：中国农业出版社，2013：3.

[16] 中华人民共和国农业部．橡胶树棒孢霉落叶病病原菌分子检测技术规范：NY/T 2811—2015[S]．北京：中国农业出版社，2015：12.

[17] 中华人民共和国农业部. 热带作物种质资源抗病虫鉴定技术规程　橡胶树棒孢霉落叶病:NY/T 3195—2018[S]. 北京:中国农业出版社,2018:6.
[18] 中华人民共和国农业部. 橡胶树栽培技术规程:NY/T 221—2016[S]. 北京:中国农业出版社,2017:4.
[19] 苏海鹏,龙继明,罗大全,等. 云南橡胶树死皮病发生现状及添加分布研究[J]. 云南农业大学学报,2011,26(5):616-620.
[20] 黄根深,黎德清. 胡椒细菌性叶斑病的流行规律[J]. 热带作物研究,1989(1):35-40.
[21] 桑利伟,谭乐和,刘爱勤,等. 海南省胡椒主要病害现状初步调查[J]. 植物保护,2010,36(05):133-137,148.
[22] 全国植物检疫标准化技术委员会. 胡椒叶斑病菌检疫鉴定方法:GB/T 29581—2013[S]. 北京:中国标准出版社,2013:12.
[23] 李学俊,黎丹妮. 普洱咖啡产区主要咖啡种质资源的抗锈性评价研究[J]. 中国热带农业,2016,69(3):53-57.
[24] 俞浩,陈振佳,陈月梅. 咖啡种质资源收集与抗锈鉴定(初报)[J]. 热带作物研究,1991(4):32-36.
[25] 中华人民共和国国家质量监督检验检疫总局. 咖啡美洲叶斑病菌鉴定方法:SN/T 1450—2004[S]. 北京:中国标准出版社,2004:12.
[26] 赵艳龙,周文钊,陆军迎,等. 剑麻种质资源斑马纹病抗性鉴定及评价[J]. 热带作物学报,2014,35(4):640-643.
[27] 中华人民共和国农业部. 龙舌兰麻抗病性鉴定技术规程:NY/T 1942—2010[S]. 北京:中国农业出版社,2010:12.
[28]中华人民共和国农业部. 剑麻栽培技术规程:NY/T 222—2004[S]. 北京:中国农业出版社,2005:2.
[29] 车海彦,曹学仁,罗大全. 槟榔黄化病病原及检测方法研究进展[J]. 热带农业科学,2017,37(02):67-72.
[30] 卢昕,李超萍,时涛,等. 国内 603 份木薯种质对细菌性枯萎病抗性评价[J]. . 热带农业科学,2013,33(4):67-90.
[31] 张建春,张光勇,陈伟强,等. 云南红河流域木薯细菌性枯萎病发生危害动态研究[J]. 热带农业科学,2015,35(02):57-61.
[32] 岑贞陆,黄思良. 木薯抗细菌性枯萎病鉴定技术初报[J]. 作物杂志,2008(06):33-35.
[33] 李超萍. 国内木薯病害调查与细菌性枯萎病防治技术研究[D]. 海口:海南大学,2011.